第四級アマチュア無線技士用

アマチュア無線教科書

（無線従事者養成課程用教科書）

〔法規・無線工学〕

標 準 教 科 書

一般財団法人　日本アマチュア無線振興協会

目　　次

法　　規

無線工学

法　　　規

第1章　電波法規の概要

1-1　電波法の目的

　電波は，ラジオ，テレビジョン放送その他の無線通信のほか，医療用や工業用など種々の分野で利用され，電波なしでは今日の社会生活は到底成り立ちません。

　電波によって情報を伝えるには周波数の幅が必要で，使用可能周波数には限度があります。また，周波数によっては，電波は世界中に伝わりますので，同じ周波数の電波を同時に発射しますと，互いに妨害しあってしまうこともあります。

　そこで，電波を有効に利用するためには，電波の発射を一定の規律に基づいて行うようにしています。この規律は国際的な取りきめで，これを国内的に定めたものが電波法です。

　電波法には，その目的として，次のとおり明示されています。

　「電波の公平且つ能率的な利用を確保することによって，公共の福祉を増進すること。」(法1条)

1-2　電波法令

　電波法の基本的な規定に基づいて具体的に詳細に定めた政令や省令があり，これら全部をひとまとめにして電波法令と呼んでいます。

　また，政令，省令に告示を含めて「電波法に基づく命令」というこ

ともあります。アマチュア無線に関係する電波法令には，次のものが
あります。

① 電波法（法）————————————————————————————法律

② 電波法施行令（施行令）—————————

③ 電波法関係手数料令（手数料令）————————————————政令

④ 電波法施行規則（施則）—————————

⑤ 無線局免許手続規則（免則）

⑥ 無線設備規則（設則）

⑦ 無線従事者規則（従則）

⑧ 無線局運用規則（運則）————————————————————総務省令

⑨ 無線局（基幹放送局を除く。）の開設の

　　根本的基準（根本基準）

⑩ 特定無線設備の技術基準適合証明等に

　　関する規則（技適）—————————

　本書の記述に引用した電波法令の規定には，その末尾に電波法であ
る場合は「（法1条）」等とし，政令や省令の場合は，上述した政令や
省令の名称の末尾にカッコで付記した「（免則1条）」のようにその条
項を示してあります。

1-3　　電波法の用語の定義

電波とは，300万メガヘルツ以下の周波数の電磁波をいう。

　　　（法2条1号）

無線従事者とは，無線設備の操作又はその監督を行う者であって，総
　　務大臣又は総合通信局長の免許を受けたものをいう。

　　　（法2条6号）

無線局とは，無線設備及び無線設備の操作を行う者の総体をいう。但

し，受信のみを目的とするものを含まない。(法2条5号)

無線設備とは，無線電信，無線電話その他電波を送り，又は受けるための電気的設備をいう。(法2条4号)

　このうち，「無線電信」は，「電波を利用して，符号を送り，又は受けるための通信設備」をいい，「無線電話」は，「電波を利用して，音声その他の音響を送り，又は受けるための通信設備」をいいます。(法2条2号，3号)

アマチュア業務とは，金銭上の利益のためでなく，もっぱら個人的な無線技術の興味によって行う自己訓練，通信及び技術的研究その他総務大臣が別に告示する業務を行う無線通信業務をいう。(施則3条1項15号)

　この総務大臣が別に告示するものとしては，社会貢献活動，公共団体の地域における活動，教育活動や研究活動などが規定されており，営利を目的とする法人等の営利事業の用に供する業務は含まれないとされています。(令和3年告示91号)

アマチュア局とは，アマチュア業務を行う無線局をいう。(施則4条1項24号)

送信設備とは，送信装置と送信空中線系とから成る電波を送る設備をいう。(施則2条1項35号)

　このうち，「送信装置」は「無線通信の送信のための高周波エネルギーを発生する装置及びこれに付加する装置」をいいます。(施則2条1項36号)

　また，「送信空中線系」は，「送信装置の発生する高周波エネルギーを空間へ輻射する装置」のことで，これには空中線のほかに，送信機と空中線との間を結ぶ給電線などが含まれます。(施則2条1項37号)

1-4　行　政　機　関

　総務大臣は，電波の利用者に対し，免許や許可を与えたり，監督したりします。これら国の事務を電波行政といい，アマチュア局やアマチュア無線技士に関する電波行政事務を取り扱う官庁は，総務省，特に，同省総合通信基盤局及び第1·1表に示す各地方機関です。

　以下の記述においては，各地方機関（の長）を，沖縄総合通信事務所（の長）をも含めて，「総合通信局（長)」と表示します。

　なお，総務大臣の電波行政の権限の一部は，法104条の3及び施則51条の15の規定により，これら各総合通信局長に委任されております。

第1·1表　総合通信局の名称，管轄都道府県，所在地及び地域番号

総合通信局	管轄都道府県	所　在　地	総合通信局別地域番号(注)
関東総合通信局	東京，神奈川，埼玉，群馬 茨城，栃木，千葉，山梨	〒102-8795 東京都千代田区 九段南 1-2-1 九段第3合同庁舎	1
信越総合通信局	長野，新潟	〒380-8795 長野市旭町 1108 合同庁舎	0
東海総合通信局	愛知，三重，静岡，岐阜	〒461-8795 名古屋市東区 白壁 1-15-1 合同庁舎	2
北陸総合通信局	石川，福井，富山	〒920-8795 金沢市広坂 2-2-60 合同庁舎	9
近畿総合通信局	大阪，京都，兵庫，奈良 滋賀，和歌山	〒540-8795 大阪市中央区 大手前 1-5-44 合庁1号	3
中国総合通信局	広島，岡山，鳥取，島根 山口	〒730-8795 広島市中区 東白島町 19-36	4
四国総合通信局	愛媛，徳島，香川，高知	〒790-8795 松山市 味酒町 2-14-4	5
九州総合通信局	熊本，長崎，福岡，大分 佐賀，宮崎，鹿児島	〒860-8795 熊本市西区春日 2-10-1 熊本地方合同庁舎	6
東北総合通信局	宮城，福島，岩手，青森 山形，秋田	〒980-8795 仙台市青葉区 本町 3-2-23 第2合同庁舎	7
北海道総合通信局	北海道	〒060-8795 札幌市北区北8条 西 2-1-1 札幌第1合同庁舎	8
沖縄総合通信事務所	沖縄	〒900-8795 那覇市旭町 1-9 カフーナ旭橋B街区　5階	6

　(注)　アマチュア局の呼出符号の3字目に使用している数字です。関東地方では2, 3及び4も使用される場合があります。

1-5　電波利用料制度

　電波利用料とは，無線局全体のための共益的な行政事務にかかる費用を，受益者である免許人全体で負担するもので，法律で定める金額を国に納めなければなりません。

5　　この電波利用料は，電波の監視及び規正並びに不法に開設された無線局の探査，総合無線局管理ファイルの作成及び管理その他の電波の適正な利用を確保する費用に充てられます。（法103条の2）

第2章　アマチュア局の免許

2-1　アマチュア局

アマチュア局には，個人が開設する局と社団（学校や職場などで無線従事者の資格を有する者が集まった団体）が開設する局（一般的に

5　社団局又はクラブ局という。）とがあり，それぞれ移動しない局と移動する局とに分類されます。

2-2　アマチュア局の開設

1.　アマチュア局の免許制度

アマチュア局を開設しようとする者は，総合通信局長の免許を受け

10　なければなりません。（法4条）

2.　アマチュア局の不法開設の罰則

無線局の免許がないのに，無線局を開設し，又は運用した者は，1年以下の懲役又は100万円以下の罰金に処せられます。（法110条1号）

3.　アマチュア局の免許が与えられないことのある者

15　総合通信局長は，次の事項のいずれかに該当する者には，アマチュア局の免許を与えないことがあります。（法5条3項）

① 　電波法又は放送法に規定する罪を犯し罰金以上の刑に処せられ，その執行を終り，又はその執行を受けることがなくなった日から 2 年を経過しない者

② 　無線局の免許の取消しを受け，その取消しの日から 2 年を経過しない者

4.　アマチュア局の免許の特例

日本の国籍を有しない人に対してもアマチュア局の免許が与えられます。（法 5 条 2 項 2 号）

ただし，外国政府が付与する資格で免許を受ける場合は，電波法に定める資格に相当するもので総務省令で定める資格を有する者であること。（法 39 条の 13，施則 34 条の 8）

5.　個人が開設するアマチュア局の開設の条件

個人がアマチュア局の免許を受けようとする場合は，次の条件を満たすものでなければなりません。（根本基準 6 条の 2）

① 　その局の免許を受けようとする者は，アマチュア局の無線設備の操作を行うことができる無線従事者の資格を有する者であること。

② 　外国の政府が付与する資格でアマチュア局の免許を受けようとするときは，総務大臣が別に告示する条件に適合する者であること。

③ 　その局の無線設備は，免許を受けようとする者によって操作できる範囲内のものであること。ただし，移動するアマチュア局の無線設備は，空中線電力が 50 ワット以下のものであること。

④ 　その局は，免許人（アマチュア局の免許を受けた者）以外の者

の使用に供するものでないこと。

⑤　その局を開設する目的，通信の相手方の選定及び通信事項が法
　令に違反せず，かつ，公共の福祉を害しないものであること。

⑥　その局を開設することが既設の無線局等の運用又は電波の監視
　に支障を与えないこと。

6.　社団が開設するアマチュア局の開設の条件

社団がアマチュア局の免許を受けようとする場合は，次の条件を満
たすものでなければなりません。（根本基準6条の2）

①　その社団は，アマチュア業務の健全な普及発達を図ることを目
　的とするものであって，次の要件を満たすものであること。

（ⅰ）営利を目的とするものでないこと。

（ⅱ）目的，名称，事務所，資産，理事の任免及び社員の資格の得
　喪（とくそう）に関する事項を明示した定款（ていかん）が作成
　され，適当と認められる代表者が選任されているものであること。

（ⅲ）アマチュア局の無線設備の操作を行うことのできる無線従事
　者の資格を有する者，又は5.の②に該当する者であってアマチ
　ュア業務に興味を有するものにより構成される社団であること。

②　その局の無線設備は，そのすべての構成員がそのいずれかの無
　線設備につき操作をすることができるものであること。ただし，
　移動するアマチュア局の無線設備は，空中線電力が50ワット以
　下のものであること。

③　その局は，社団の構成員以外の者の使用に供するものでないこ
　と。

④　その局を開設する目的，通信の相手方の選定及び通信事項が法
　令に違反せず，かつ，公共の福祉を害しないものであること。

⑤　その局を開設することが既設の無線局等の運用又は電波の監視に支障を与えないこと。

2-3　アマチュア局の免許

1.　アマチュア局の免許の申請

アマチュア局の免許を受けるには，所定の様式の無線局免許申請書に必要な書類を添えて，その無線設備の設置場所（移動しないアマチュア局の場合）又は常置場所（移動するアマチュア局の場合）を管轄する総合通信局長に提出しなければなりません。（法 6 条 1 項，免則 2 条，3 条，4 条，8 条，15 条 1 項 5 号，20 条の 13，施則 51 条の 15，52 条）

申請は，書面に加え，電子申請によることができます。

2.　アマチュア局の免許手続及び免許の付与

総合通信局長は，申請書が提出された場合には，その申請を審査します。

⑴　簡易な免許手続の場合

その申請が，空中線電力 200 ワット以下のアマチュア局であって，電波法に定める登録証明機関により，技術基準適合証明又は工事設計についての認証（以下「技適証明」という。）を受けた無線設備を使用するもの又は総務大臣の定める手続に従って，電波法第 3 章の技術基準に適合していることの保証（以下「保証」という。）を受けた無線設備を使用するものであるときは，総合通信局長は，電波の型式及び周波数，呼出符号，空中線電力並びに運用許容時間を指定して免許を与えます。（法 7 条，12 条，15 条，38 条の 2 の 2，38 条の 6，38 条の 24，免則 15 条の 4，15 条の 5，技適 2 条 1 項 12 号）

　なお，技適証明を受けた無線設備には技適証明ラベルが貼付されています。このラベルにはマークと記号番号が記入されています。（技適8条，20条）

技適証明ラベルの一例

(2)　(1)に掲げる免許手続以外の場合

　この場合においては，電波法に定める一連の手続が必要になります。

(3)　無線局免許状の交付

　総合通信局長は，アマチュア局に免許を与えたときは，申請者に無線局免許状を交付します。（法14条1項）

無 線 局 免 許 状						
		免 許 の 番 号	○A第○○○○号	識 別 信 号	JA1○○○	
氏 名 又 は 名 称	電波 太朗					
免 許 人 の 住 所	東京都豊島区巣鴨3-36-6					
無 線 局 の 種 別	アマチュア局	無 線 局 の 目 的	アマチュア業務用		運用許容時間	常時
免 許 の 年 月 日	○.○.○	免 許 の 有 効 期 間	○.○.○ まで			
通 信 事 項	アマチュア業務に関する事項			通信の相手方	アマチュア局	
移 動 範 囲	陸上，海上及び上空					
無線設備の設置／常置場所						
常置場所						
東京都豊島区巣鴨3-36-6						
電波の型式、周波数及び空中線電力		4AM				
備考						

　法律に別段の定めがある場合を除くほか，この無線局の無線設備を使用し，特定の相手方に対して行われる無線通信を傍受してその存在若しくは内容を漏らし，又はこれを窃用してはならない。

　　　　年　　　　月　　　　日

　　　　　　　　　　　　　　　　　　　　　　　　　　（何）総合通信局長　　　印

無線局免許状の一例

3. アマチュア局の免許の有効期間

アマチュア局の免許の有効期間は，免許の日から起算して5年（日本に永住することが許可されていない外国人の開設するものは在留期間に応じて最大5年）ですが，再免許を受けることができます。（法13条，施則7条7号，9条3号）

4. アマチュア局の再免許

アマチュア局の免許の有効期間の満了後も，引き続いてアマチュア局を開設しようとするときは，所定の様式の無線局再免許申請書に必要な書類を添えて，免許の有効期間満了前1か月以上6か月を超えない期間に，総合通信局長に提出しなければなりません。（法13条，免則16条，16条の3，18条）

総合通信局長は，再免許の申請を審査して，その申請が電波法令の規定するところに適合していると認めるときは，電波の型式及び周波数，呼出符号，空中線電力並びに運用許容時間を指定して，申請者にアマチュア局の再免許を与え，無線局免許状を交付します。（法7条，14条1項，15条，免則19条）

2-4 無線局免許状の記載事項

総合通信局長が，アマチュア局の免許を与えたときに，そのアマチュア局に交付する無線局免許状には，次に掲げる事項が記載されています。（法14条2項，免則21条，施則6条の5）

① 免許の年月日及び免許の番号
② 免許人の氏名又は名称及び住所
③ 無線局の種別

④　無線局の目的

⑤　通信の相手方及び通信事項

⑥　無線設備の設置（常置）場所

⑦　移動範囲

⑧　免許の有効期間

⑨　識別信号（呼出符号）

⑩　電波の型式，周波数及び空中線電力（全てを一括して表示する記号）

⑪　運用許容時間

2-5　免許後の免許内容の変更

アマチュア局が無線設備等を変更しようとするときは，その都度電波法令に従った手続を行わなければなりません。

1.　無線設備の設置場所の変更

免許人は，無線設備の設置場所(移動するアマチュア局の場合はその移動範囲)を変更しようとするときは，あらかじめ申請書に必要な書類を添えて総合通信局長に提出して許可を受けなければなりません。(法17条)

ただし，技適証明を受けた無線設備のみの場合や無線設備の設置場所変更について保証を受けたアマチュア局は，検査（変更検査）が省略されます。(施則10条の4)

2.　無線設備の変更の工事

免許人は，無線設備の変更の工事をしようとするときは，あらかじめ，申請書に必要な書類を添えて総合通信局長に提出して許可を受けなければなりません。(法17条)

ただし，技適証明又は保証を受けた送信機への取替え又はその増設，空中線の取替え等の軽微な変更の工事については，許可を受ける必要はなく，これを行ったときは，遅滞なく，そのことを総合通信局長に届け出なければなりません。(法17条，施則10条，10条の2)

3.　周波数等の指定の変更

免許人が呼出符号，電波の型式，周波数，空中線電力等の指定の変更をしようとするときは，その旨を総合通信局長に申請します。この場合，総合通信局長は，混信の除去その他特に必要があると認めるときは，その指定の変更を行うことができます。(法19条)

なお，電波の型式，周波数又は空中線電力について指定の変更を受けることによって，無線設備の変更の工事を必要とするものについては，その無線設備の変更の工事の手続も併せて行わなければなりません。

4.　通信事項の変更

免許人は，通信事項を変更しようとするときは，あらかじめ総合通信局長の許可を受けなければなりません。(法17条)

5.　無線設備の常置場所の変更

移動するアマチュア局の免許人は，その局の無線設備の常置場所を変更したときは，できる限り速やかに，その旨を文書によって，総合通信局長に届け出なければなりません。(施則43条3項)

2-6 アマチュア局の廃止

1. アマチュア局の廃止の届出

　免許人は，そのアマチュア局を廃止するときは，次の事項を記載した届出書により，その旨を総合通信局長に届け出なければなりません。(法22条，免則24条の3)

① 免許人の氏名又は名称及び住所

② 無線局の種別

③ 識別信号（呼出符号）

④ 免許の番号

⑤ 廃止する年月日

2. 空中線(アンテナ)の撤去及び無線局免許状の返納

　アマチュア局を廃止したときは，免許はその効力を失いますから，免許人であった者は，次の措置を行わなければなりません。(法23条，24条，78条)

① 遅滞なく空中線を撤去すること。

② アマチュア局の免許が効力を失った日から1か月以内に，その無線局免許状を総合通信局長に返納すること。

2-7 電波法関係手数料

　無線従事者の免許や無線局の免許を受ける等の場合には，電波法関係手数料令に基づく手数料が必要です。(法103条)

第3章　無　線　設　備

3-1　電　波　の　質

送信設備から発射された電波は，安定で良好な通信を行うことがで
きるもの，また，他の無線局や放送の受信に妨害を与えることのない
ものでなくてはなりません。このため次の三つを電波の質といい，総
務省令に定めるものに適合するものでなければなりません。(法28条,
設則5条, 6条, 7条)

① 電波の周波数の偏差

発射しようとする電波の周波数が実際に発射される電波の周波
数と相違する割合を電波の周波数の偏差といいます。

② 占有周波数帯幅

電波は発射されると，ある程度の周波数の幅を占有します。こ
の幅を占有周波数帯幅といいます。

③ 高調波の強度等（スプリアス発射又は不要発射の強度）

スプリアス発射とは，不必要な電波の発射であって，高調波発
射，低調波発射，寄生発射などがあります。

また，不要発射とはスプリアス発射及び帯域外発射をいいます。

3-2　アマチュア局の電波の型式及び周波数の表示

無線通信に使用されている電波が，どのような変調の型式や伝送の

型式によったものであるかを表したものを「電波の型式」といい，記号で表示します。(施則4条の2)

　電波の周波数は，3,000 kHz 以下のものは kHz，3,000 kHz をこえ 3,000 MHz 以下のものは MHz，3,000 MHz をこえ 3,000 GHz 以下のものは GHz で表示します。(施則4条の3)

　アマチュア局に指定される電波の型式のうち，主なものは，次のようになります。

3章

A1A　　両側波帯の振幅変調で，デジタル信号である単一チャネルの変調のための副搬送波を使用しない信号で主搬送波を変調する聴覚受信を目的とする電信

A3E　　両側波帯の振幅変調で，アナログ信号である単一チャネルの変調信号で主搬送波を変調する電話

J3E　　単側波帯抑圧搬送波の振幅変調で，アナログ信号である単一チャネルの変調信号で主搬送波を変調する電話

A3F　　両側波帯の振幅変調で，アナログ信号である単一チャネルの変調信号で主搬送波を変調する映像のみのテレビジョン

F3E　　周波数変調で，アナログ信号である単一チャネルの変調信号で主搬送波を変調する電話

3-3　送信装置に必要な条件

1.　周波数の安定のための条件

　送信装置は周波数を安定にするため，次のような条件を備えていなければなりません。(設則15条)

　①　送信装置は，できる限り電源電圧又は負荷の変化によって発振

周波数に影響を与えないものであること。

②　発振回路の方式は，できる限り外囲の温度又は湿度の変化によって発振周波数に影響を受けないものであること。

③　移動するアマチュア局の送信装置は，実際上起こり得る振動又は衝撃によっても周波数をその許容偏差内に維持することができること。

2.　秘話装置の禁止

アマチュア局の送信装置は，通信に秘匿性を与える機能を有してはなりません。（設則18条2項）

3-4　電波の人体への影響及び防護指針

電波を発射する機器は数多くありますが，それらの機器から発射された電波の健康への影響について，世界保健機関（WHO）を中心に研究・報告されています。

日本においてもWHOのガイドラインに沿って，電波防護指針を策定し制度化するなど安心で安全な電波利用が進められています。

第4章　無　線　従　事　者

4-1　アマチュア局の無線設備の操作

4章

　アマチュア局の無線設備の操作は，総務省令で定める場合を除き，その無線設備の操作を行うことのできる無線従事者でなければ，行ってはなりません。(法39条の13)

　総務省令ではアマチュア無線の体験機会を提供するための特例として，無線従事者以外の者がアマチュア局の無線設備の操作をその操作ができる資格を有する無線従事者の指揮の下に行う場合であって，一定の条件に適合するときは，その操作を行うことができることとしています。(施則34条の10 (巻末参照))

　また，外国において電波法に定めるアマチュア無線技士に相当する資格として総務省令で定めるものを有する者は，総務省令で定めるところによりアマチュア局の無線設備の操作を行うことができます。(法39条の13，施則34条の8，34条の9)

　⎡罰則⎤

　アマチュア局の無線設備の操作を行うことのできる無線従事者の資格を有しない者がその無線設備の操作を行った場合，その操作を行った者は，30万円以下の罰金に処せられます。(法113条18号)

4-2　無線従事者の資格とその操作の範囲

　無線従事者には，総合無線通信士，海上無線通信士，航空無線通信士，陸上無線技術士，特殊無線技士及びアマチュア無線技士があって，そのうちアマチュア無線技士には第一級から第四級までの資格が設けられ，各級の資格で無線設備を操作できる範囲は，電波法施行令に定めるところにより，第4・1表に示すとおりです。(法40条)

　なお，外国政府が付与する資格で無線設備を操作できる範囲は，総務大臣が別に告示するところによります。(施則34条の9)

第4・1表　各級アマチュア無線技士の資格とその操作範囲（施行令3条）

無線従事者の資格	操　作　の　範　囲
第一級アマチュア無線技士	アマチュア局の無線設備の操作
第二級アマチュア無線技士	アマチュア局の空中線電力200ワット以下の無線設備の操作
第三級アマチュア無線技士	アマチュア局の空中線電力50ワット以下の無線設備で18メガヘルツ以上又は8メガヘルツ以下の周波数の電波を使用するものの操作
第四級アマチュア無線技士	アマチュア局の無線設備で次に掲げるものの操作（モールス符号による通信操作を除く。） 1　空中線電力10ワット以下の無線設備で21メガヘルツから30メガヘルツまで又は8メガヘルツ以下の周波数の電波を使用するもの 2　空中線電力20ワット以下の無線設備で30メガヘルツを超える周波数の電波を使用するもの

4-3　各級アマチュア無線技士の免許

1.　免許の取得

　各級アマチュア無線技士の免許は，次の①又は②に該当する者でなければ受けることができません。

①　資格別に行う無線従事者国家試験に合格した者

②　総合通信局長が認定した養成課程を修了した者

①及び②に該当し無線従事者になろうとする者は，所定の様式の無線従事者免許申請書に定められた書類を添えて，総務大臣又は総合通信局長に提出し，免許を受けなければなりません。(法41条，従則46条)

上記の無線従事者免許申請書に添える書類は，次のとおりです。(従則46条)

①　氏名及び生年月日を証する書類（住民票の写し等）

　　ただし，住民票コード，他の無線従事者免許証の番号，電気通信主任技術者資格者証の番号，工事担任者資格者証の番号を申請書に記載できるときは，必要ありません。

②　養成課程の修了証明書（養成課程を修了した者に限る。）

③　写真（申請前6か月以内に撮影した無帽，正面，上三分身，無背景で縦30ミリメートル，横24ミリメートルのもの）1枚

2.　免許が与えられないことのある者

無線従事者国家試験に合格した者，又は総合通信局長の認定した養成課程を修了した者であっても，次のいずれかに該当する場合には，各級アマチュア無線技士の免許を与えられないことがあります。(法42条，従則45条)

①　電波法に規定する罪を犯し罰金以上の刑に処せられ，その執行を終り，又はその執行を受けることがなくなった日から2年を経過しない者

②　無線従事者の免許を取り消され，取消しの日から2年を経過しない者（心身の障害を事由に取り消された者を除く。）

③　精神の機能の障害により無線従事者の業務を適正に行うに当た

って必要な認知，判断及び意思疎通を適切に行うことができない者

3.　無線従事者免許証の交付

　　総務大臣又は総合通信局長は，アマチュア無線技士の免許を与えたときは，無線従事者免許証を交付します。また，免許証の交付を受けた者は，無線設備の操作に関する知識及び技術の向上を図るように努めることとされています。（従則47条）

4-4　無線従事者免許証

　　各級アマチュア無線技士の免許を受けた際に，総務大臣又は総合通信局長から交付される無線従事者免許証は，その資格の無線従事者であることを証明する重要な書類ですから，その取扱いについて次のように定めています。

無線従事者免許証の一例

1.　無線従事者免許証の携帯

アマチュア無線業務に従事しているときは，無線従事者免許証を携帯していなければなりません。(施則 38 条 10 項)

2.　無線従事者免許証の再交付

各級アマチュア無線技士は，次の場合は，無線従事者免許証の再交付を受けることができます。(従則 50 条)

(1)　無線従事者免許証を汚したとき又は破ったとき

所定の様式の無線従事者免許証再交付申請書に，汚し又は破った無線従事者免許証及び写真 1 枚を添えて，総務大臣又は総合通信局長に提出します。

(2)　無線従事者免許証を失ったとき

所定の様式の無線従事者免許証再交付申請書に，写真 1 枚を添えて，総務大臣又は総合通信局長に提出します。

(3)　各級アマチュア無線技士の資格を有する者の氏名が　　変わったとき

各級アマチュア無線技士のいずれかの資格を有する者が氏名に変更を生じたときは，所定の様式の無線従事者免許証再交付申請書に免許証及び写真 1 枚並びに氏名の変更の事実を証する書類を添えて，総務大臣又は総合通信局長に提出します。

3.　無線従事者免許証の返納

(1)　無線従事者の免許の取消しの処分を受けたとき

無線従事者の免許の取消しの処分を受けたときは，その処分を受けた日から 10 日以内に，その無線従事者免許証を，総務大臣又は総合

通信局長に返納しなければなりません。(従則51条1項)

⑵ 無線従事者免許証の再交付を受けた後，失った無線従事者免許証を発見したとき

無線従事者免許証の再交付を受けた後，失った無線従事者免許証を発見したときは，発見した日から10日以内に，その発見した無線従事者免許証を，総務大臣又は総合通信局長に返納しなければなりません。(従則51条1項)

⑶ 無線従事者が死亡又は失そうした場合

無線従事者が死亡し，又は失そうの宣告を受けたときは，戸籍法による死亡又は失そう宣告の届出義務者は，遅滞なく，その無線従事者免許証を，総務大臣又は総合通信局長に返納しなければなりません。(従則51条2項)

(参考) 無線従事者免許は終身免許で，更新の手続きはありません。また，新たに3級の資格を取得した場合でも，4級の無線従事者免許証を返納する必要はありません。

第5章　運　　　　　用

5−1　通　　　　　則

1.　無線局免許状記載事項の遵守

①　アマチュア局は，無線局免許状に記載された目的（アマチュア
業務用）又は通信の相手方（アマチュア局）若しくは通信事項
（アマチュア業務に関する事項）の範囲を超えて運用してはなり
ません。（法52条）

②　アマチュア局を運用する場合においては，無線設備の設置場所，
移動範囲，識別信号（呼出符号），電波の型式及び周波数は，無
線局免許状に記載されたところによらなければなりません。（法
53条）

2.　目的外通信等

アマチュア局は，無線局免許状に記載された目的又は通信の相手方
若しくは通信事項の範囲を超えて運用することができる場合がありま
す。この場合の無線通信を目的外通信等といい，その無線通信の主な
ものを次に掲げます。（法52条，施則37条）

①　遭難通信（船舶又は航空機が重大かつ急迫の危険に陥った場合
に遭難信号を前置する方法その他総務省令で定める方法により行

う無線通信をいいます。)

② 非常通信（地震，台風，洪水，津波，雪害，火災，暴動その他
非常の事態が発生し，又は発生するおそれがある場合において，
有線通信を利用することができないか又はこれを利用することが
著しく困難であるときに人命の救助，災害の救援，交通通信の確
保又は秩序の維持のために行われる無線通信をいいます。)

③ 放送の受信

④ 無線機器の試験又は調整をするために行う通信

⑤ 非常の場合の無線通信の訓練のために行う通信

⑥ 人命の救助に関し急を要する通信（他の電気通信系統によって
は，当該通信の目的を達することが困難である場合に限る。)

3.　無線通信の秘密の保護

何人も，法律に別段の定めがある場合を除くほか，特定の相手方に
対して行われる無線通信を傍受してその存在若しくは内容を漏らし，
又はこれを窃用してはなりません。(法59条)

なお，窃用という言葉は次のように解釈されています。

「電波法による窃用とは，無線局の取扱中にかかる無線通信の秘密
を，発信者又は受信者の意志に反して利用することをいう。」(昭和
55年11月，最高裁判所第1小法廷の判断による。)

4.　空中線電力

アマチュア局を運用する場合においては，空中線電力は，無線局免
許状に記載されたものの範囲内で，その通信を行うため必要最小のも
のでなければなりません。(法54条)

5. 混信等の防止

アマチュア局は，他の無線局等に混信その他の妨害を与えないように運用しなければなりません。ただし，非常通信等の重要な通信を行う場合は，この限りではありません。(法52条，56条1項，運則258条)

5-2 アマチュア局の運用の特則

1. アマチュア局の無線設備の操作

アマチュア局の無線設備の操作を行う者は，そのアマチュア局の免許人以外の者であってはなりません。(免許人が社団であるアマチュア局の場合は，その局の構成員以外の者であってはなりません。)(運則260条)

2. 他人の依頼による通信の禁止

アマチュア局の送信する通報は，他人の依頼によるものであってはなりません。

他人から通報の送信の依頼を受けたときは，その送信の依頼を断わらなければなりません。

ただし，地震，台風，洪水，津波，雪害，火災，暴動その他非常の事態が発生し，又は発生するおそれがある場合における，人命の救助，災害の救援，交通通信の確保又は秩序の維持のために必要な通報は，この限りでありません。(運則259条)

3. 暗語の使用の禁止

アマチュア局の行う通信には，暗語を使用してはなりません。(法

58条）

　暗語は，通信をする当事者だけに意味が通じ，通信をする当事者以外の者には通じない言葉です。したがって，アマチュア局の通信によく使用されるQ符号や略符号等は暗語ではありません。

4.　発射の制限

　アマチュア局は，その発射の占有する周波数帯幅に含まれているいかなるエネルギーの発射も，その局が動作することを許された周波数帯（第5・1表）から逸脱してはなりません。（運則257条）

　特に上記の周波数帯の上端又は下端の付近で電波を発射する場合には，占有周波数帯幅がその境界をはみ出さないよう注意が必要です。

5.　周波数の使用区別

　135.7 kHz から 10.5 GHz までの周波数帯においてアマチュア業務に使用する電波の型式及び周波数の使用区別が別に定められていますので，これにしたがって運用しなければなりません。（運則258条の2）

　なお，この項については，別表を参照してください。

6.　電波の発射の中止

　アマチュア局は，自局の発射する電波が他の無線局の運用又は放送の受信に支障を与え，若しくは与えるおそれのあるときは，速やかにその周波数による電波の発射を中止しなければなりません。ただし，非常通信等の重要な通信を行う場合は，この限りではありません。（運則258条）

第5・1表　アマチュア局が動作することを許される周波数帯

	指定周波数	動作することを許される周波数帯
1	136. 75　kHz	135. 7 kHz から 137. 8 kHz まで
2	475. 5　kHz	472 kHz から 479 kHz まで
3	1, 910　kHz	1, 800 kHz から 1, 875 kHz まで及び 1, 907. 5 kHz から 1, 912. 5 kHz まで
4	3, 537. 5　kHz	3, 500 kHz から 3, 580 kHz まで, 3, 599 kHz から 3, 612 kHz まで及び 3, 662 kHz から 3, 687 kHz まで
5	3, 798　kHz	3, 702 kHz から 3, 716 kHz まで, 3, 745 kHz から 3, 770 kHz まで及び 3, 791 kHz から 3, 805 kHz まで
6	7, 100　kHz	7, 000 kHz から 7, 200 kHz まで
7	10, 125　kHz	10, 100 kHz から 10, 150 kHz まで
8	14, 175　kHz	14, 000 kHz から 14, 350 kHz まで
9	18, 118　kHz	18, 068 kHz から 18, 168 kHz まで
10	21, 225　kHz	21, 000 kHz から 21, 450 kHz まで
11	24, 940　kHz	24, 890 kHz から 24, 990 kHz まで
12	28. 85　MHz	28 MHz から 29. 7 MHz まで
13	52　　MHz	50 MHz から 54 MHz まで
14	145　　MHz	144 MHz から 146 MHz まで
15	435　　MHz	430 MHz から 440 MHz まで
16	1, 280　　MHz	1, 260 MHz から 1, 300 MHz まで
17	2, 425　　MHz	2, 400 MHz から 2, 450 MHz まで
18	5, 750　　MHz	5, 650 MHz から 5, 850 MHz まで
19	10. 125　　GHz	10 GHz から 10. 25 GHz まで
20	10. 475　GHz	10. 45 GHz から 10. 5 GHz まで
21	24. 025　GHz	24 GHz から 24. 05 GHz まで
22	47. 1　GHz	47 GHz から 47. 2 GHz まで
23	77. 75　GHz	77. 5 GHz から 78 GHz まで
24	135　GHz	134 GHz から 136 GHz まで
25	249　GHz	248 GHz から 250 GHz まで

5－3　無線通信の原則及び用語等

1.　無線通信の原則

　無線通信は，次の原則に従わなければなりません。（運則10条）

① 必要のない無線通信は行わないこと。

② 無線通信に使用する用語は，できる限り簡潔であること。

③ 無線通信を行うときは，自局の識別信号（呼出符号）を付して，その出所を明らかにすること。

④ 無線通信は，正確に行い，通信上の誤りを知ったときは，直ちに訂正すること。

2. 無線電話通信に使用する通話表

無線電話通信において，語辞を一字ずつ区切って送信する場合は，なるべく第5·2表に掲げる通話表によって行うようにします。（運則14条4項）

3. 無線通信に使用する業務用語

無線通信に使用する用語は，できる限り簡潔であることが必要です。そのため，通常使用されることの多い語辞について業務用語が定められています。

無線電信通信に使用する業務用語にはQ符号（第5·3表）及び略符号・略語（第5·4表）があります。（運則13条1項，14条1項）

上にいうQ符号及び略符号・略語と同じ意義の他の語辞を使用してはなりません。（運則13条2項）

無線電話による通信において，無線電信通信に使用する業務用語を使用することもできますが，これらのうち，次の業務用語は使用してはなりません。（運則14条2項）

QRT, QUM, QUZ, $\overline{\text{SOS}}$, $\overline{\text{DDD}}$, TTT, XXX

第5·2表　通話表

(1)欧文通話表

文字	使用する語	発音　ラテンアルファベットによる英語式の表示（国際音標文字による表示）
A	ALFA	<u>AL</u> FAH（´ælfə）
B	BRAVO	BRAH <u>VOH</u>（´braːˊvou）
C	CHARLIE	<u>CHAR</u> LEE（´tʃaːli）又は <u>SHAR</u> LEE（´ʃaːli）
D	DELTA	<u>DELL</u> TAH（´deltə）
E	ECHO	<u>ECK</u> OH（´ekou）
F	FOXTROT	<u>FOKS</u> TROT（´fɔkstrɔt）
G	GOLF	GOLF（gɔlf）
H	HOTEL	HOH <u>TELL</u>（houˊtel）
I	INDIA	<u>IN</u> DEE AH（´indiə）
J	JULIETT	<u>JEW</u> LEE <u>ETT</u>（´dʒuːljet）
K	KILO	<u>KEY</u> LOH（´kiːlou）
L	LIMA	<u>LEE</u> MAH（´liːmə）
M	MIKE	MIKE（maik）
N	NOVEMBER	NO <u>VEN</u> BER（noˊvembə）
O	OSCAR	<u>OSS</u> CAH（´ɔskə）
P	PAPA	PAH <u>PAH</u>（paˊpa）
Q	QUEBEC	KEH <u>BECK</u>（keˊbek）
R	ROMEO	<u>ROW</u> ME OH（´roumiou）
S	SIERRA	SEE <u>AIR</u> RAH（siˊerə）
T	TANGO	<u>TANG</u> GO（´tæŋgo）
U	UNIFORM	<u>YOU</u> NEE FORM（´juːnifɔːm）又は <u>OO</u> NEE FORM（´uːnifɔrm）
V	VICTOR	<u>VIK</u> TAH（´viktə）
W	WHISKEY	<u>WISS</u> KEY（´wiski）
X	X-RAY	<u>ECKS</u> <u>RAY</u>（´eksˊrei）
Y	YANKEE	<u>YANG</u> KEY（´jæŋki）
Z	ZULU	<u>ZOO</u> LOO（´zuːluː）

(注) ラテンアルファベットによる英語式の発音の表示において，下線を付して
　　 ある部分は語勢の強いことを示しています。
　　 使用例「A」は「<u>AL</u> FAH」と送ります。

(2)和文通話表

文				字					
ア	朝日のア	イ	いろはのイ	ウ	上野のウ	エ	英語のエ	オ	大阪のオ
カ	為替のカ	キ	切手のキ	ク	クラブのク	ケ	景色のケ	コ	子供のコ
サ	桜のサ	シ	新聞のシ	ス	すずめのス	セ	世界のセ	ソ	そろばんのソ
タ	煙草のタ	チ	ちどりのチ	ツ	つるかめのツ	テ	手紙のテ	ト	東京のト
ナ	名古屋のナ	ニ	日本のニ	ヌ	沼津のヌ	ネ	ねずみのネ	ノ	野原のノ
ハ	はがきのハ	ヒ	飛行機のヒ	フ	富士山のフ	ヘ	平和のヘ	ホ	保険のホ
マ	マッチのマ	ミ	三笠のミ	ム	無線のム	メ	明治のメ	モ	もみじのモ
ヤ	大和のヤ		____	ユ	弓矢のユ		____	ヨ	吉野のヨ
ラ	ラジオのラ	リ	りんごのリ	ル	るすいのル	レ	れんげのレ	ロ	ローマのロ
ワ	わらびのワ	ヰ	ゐどのヰ		____	ヱ	かぎのあるヱ	ヲ	尾張のヲ
ン	おしまいのン	゛	濁点	゜	半濁点		____		

数				字					
一	数字のひと	二	数字のに	三	数字のさん	四	数字のよん	五	数字のご
六	数字のろく	七	数字のなな	八	数字のはち	九	数字のきゅう	○	数字のまる

記				号					
ー	長音	、	区切点	∟	段落	⌒	下向括弧	⌣	上向括弧

(注)　数字を送信する場合には，誤りを生ずるおそれがないと認めるときは，通常の発音による（例「一五〇〇」は，「せんごひゃく」とする）か，又は「数字の」の語を省略する（例「一五〇〇」は，「ひとごまるまる」とする）ことができる。
使用例
(1)「ア」は，「朝日のア」と送ります。
(2)「バ」又は「パ」は，「はがきのハに濁点」又は「はがきのハに半濁点」と送ります。

第5·3表 Q符号（抜粋）

Q符号	問 い	答え又は通知
QRA	貴局名は，何ですか。	当局名は……です。
QRK	こちらの信号（又は……（呼出符号）の信号）の明りょう度は，どうですか。	そちらの信号（又は……（呼出符号）の信号）の明りょう度は， 1 悪いです。 2 かなり悪いです。 3 かなり良いです。 4 良いです。 5 非常に良いです。
QRM	こちらの伝送は，混信を受けていますか。	そちらの伝送は， 1 混信を受けていません。 2 少し混信を受けています。 3 かなりの混信を受けています。 4 強い混信を受けています。 5 非常に強い混信を受けています。
QRU	そちらは，こちらへ伝送するものがありますか。	こちらは，そちらへ伝送するものはありません。
QRX	そちらは，何時に再びこちらを呼びますか。	こちらは，……時に（……kHz（又はMHz）で）再びそちらを呼びます。
QRZ	誰がこちらを呼んでいますか。	そちらは，……から（……kHz（又はMHz）で）呼ばれています。
QSA	こちらの信号（又は……（呼出符号）の信号）の強さは，どうですか。	そちらの信号（又は…（呼出符号）の信号）の強さは， 1 ほとんど感じません。 2 弱いです。 3 かなり強いです。 4 強いです。 5 非常に強いです。
QSL	そちらは，受信証を送ることができますか。	こちらは，受信証を送ります。
QSW	そちらは，この周波数（又は……kHz（若しくはMHz））で（種別……の発射で）送信してくれませんか。	こちらは，この周波数（又は……kHz（若しくはMHz））で（種別……の発射で）送信しましょう。
QSY	こちらは，他の周波数に変更して伝送しましょうか。	他の周波数（又は……kHz（若しくはMHz））に変更して伝送してください。
QTH	緯度及び経度で示す（又は他の表示による。）そちらの位置は，何ですか。	こちらの位置は，緯度……，経度……（又は他の表示による。）です。

（注）Q符号を問いの意義に使用するときは，Q符号の次に問符を付けます。

第5・4表　略符号・略語（抜粋）

略符号 (無線電信)	略語（無線電話）	意　　　義
$\overline{AR}$	終り	送信の終了符号
$\overline{AS}$	お待ち下さい	送信の待機を要求する符号
$\overline{BT}$		同一の伝送の異なる部分を分離する符号
CQ	各局	各局あて一般呼出し
DE	こちらは	……から（呼出局の呼出符号又は他の識別表示に前置して使用する。）
EX	ただいま試験中	機器の調整又は実験のため調整符号を発射するときに使用する。
EXZ		欧文の非常通報の前置符号
$\overline{HH}$	訂正	欧文通信及び自動機通信の訂正符号
HR		通報を送信します。
K	どうぞ	送信してください。
NIL		こちらは，そちらに送信するものがありません。
OK		こちらは，同意します（又はよろしい）。
$\overline{OSO}$	非常	非常符号
R	了解	受信しました。
RPT	反復	反復してください（又は，こちらは反復します。）（又は，……を反復してください。）。
$\overline{SOS}$	遭難又はメーデー	遭難信号
TU		ありがとう。
$\overline{VA}$	さようなら	通信の完了符号
VVV	本日は晴天なり	調整符号

（注）文字の上に線を付した略符号は，その全部を1符号として送信するモールス符号とする。

5-4　呼出し，応答，通報等の方法

1.　呼出しを行うために電波を発射する前の措置

　アマチュア局は，相手局を呼び出そうとするときは，電波を発射する前に，次の措置を行わなければなりません。

① 受信機を最良の感度に調整します。

② 自局の発射しようとする電波の周波数その他必要と認める周波数によって聴守（ワッチ）して他の通信に混信を与えないことを確かめなければなりません。

この場合，他の通信に混信を与えるおそれがあるときは，その通信が終了した後でなければ呼出しを行ってはなりません。

ただし，非常通信等を行う場合及び他の通信に混信を与えないことが確実である電波により通信を行う場合には，この発射前の措置を省略することができます。（法56条，運則19条の2）

2. 呼出しの方法（無線電話の場合）

呼出しの方法は，次のそれぞれの場合について次に掲げる事項を順次送信して行います。

(1) **特定のアマチュア局（1局）を呼び出す場合**（運則20条）

①	相手局の呼出符号	3回以下
②	こちらは	1回
③	自局の呼出符号	3回以下

この場合の①から③までを呼出事項といいます。

(2) **不特定のアマチュア局を呼び出す場合**（運則127条1項，261条）

①	CQ	3回
②	こちらは	1回
③	自局の呼出符号	3回以下
④	どうぞ	1回

(3) **特定の地域にある不特定のアマチュア局を呼び出す場合**（運則127条の3 2項）

①	CQ　地域名	2回以下

②	こちらは	1回
③	自局の呼出符号	3回以下
④	どうぞ	1回

　この場合，例えば東京地域のアマチュア局に限って呼び出したいときは，「CQ東京」ということになります。

⑷　不特定のアマチュア局あて同報

　通信可能な範囲内にあるすべてのアマチュア局に対して同時に通報を送信する場合は，次の事項を順次送信して行います。（運則59条1項，127条の4）

①	CQ	3回以下
②	こちらは	1回
③	自局の呼出符号	3回以下
④	通報の種類	1回
⑤	通報	2回以下

⑸　特定のアマチュア局あて同報

　2以上の特定のアマチュア局に対して同時に通報を送信する場合は，次の事項を順次送信して行います。（運則127条の3　1項，128条1項）

①	相手局の呼出符号	それぞれ 2回以下
②	こちらは	1回
③	自局の呼出符号	3回以下
④	通報	

3.　呼出しの中止

　アマチュア局は，自局の呼出しが他の既に行われている通信に混信を与える旨の通知を受けたときは，直ちにその呼出しを中止しなけれ

ばなりません。(運則 22 条 1 項)

　なお，混信を受ける旨の通知をするアマチュア局は，分で表すおおよその待つべき時間を示します。(運則 22 条 2 項)

4.　応答の方法 (無線電話の場合)

　アマチュア局は，自局に対する呼出しを受信したときは，直ちに応答しなければなりません。(運則 23 条 1 項)

　応答は，次のそれぞれの場合に応じて送信する事項と順序によって行います。

(1)　**自局に対する呼出しを受け，直ちに通報を受信しようとする場合** (運則 23 条 2 項，3 項)

①　相手局の呼出符号		3 回以下
②　こちらは		1 回
③　自局の呼出符号		1 回
④　どうぞ		1 回

この場合，①から③までを応答事項といいます。

(2)　**自局に対する呼出しを受信したが，呼出局の呼出符号が不確実な場合であって，直ちにその局との通信を行うために応答する場合**

①　誰かこちらを呼びましたか		3 回以下
②　こちらは		1 回
③　自局の呼出符号		1 回
④　どうぞ		1 回

この場合は，応答事項のうち，相手局の呼出符号の代わりに，「誰かこちらを呼びましたか」の略語を使用して，直ちに応答しなければなりません。(運則 26 条 2 項)

⑶　**自局を呼び出しているかどうか確実でない呼出しを受信した場合**

　アマチュア局は，自局に対する呼出しであることが確実でない呼出しを受信したときは，その呼出しが反復され，かつ，自局に対する呼出しであることが確実に判明するまで応答してはなりません。（運則26条1項）

5.　通報を送信する場合の方法（無線電話の場合）

　呼出しを行い，応答があって連絡の設定ができた場合，その応答の応答事項に続いて，「どうぞ」を受信したときは，次の事項と順序によって直ちに通報を送信します。（運則29条1項，2項）

①　相手局の呼出符号		1回
②　こちらは		1回
③　自局の呼出符号		1回
④　通報		
⑤　どうぞ		1回

　なお，呼出しに使用した電波と同一の電波により通報を送信する場合は，①，②及び③の事項の送信を省略することができます。（運則29条2項）

6.　通報送信の特例

　特に急を要する内容の通報を送信する場合であって，相手局が受信していることが確実であるときは，相手局の応答を待たないで通報を送信することができます。（運則127条の2）

7.　送信の終了（無線電話の場合）

　通報の送信が終了して，他に送信する通報がないことを相手局に通知しようとするときは，送信した通報に続いて次の事項を順次送信します。（運則 36 条）

① 　こちらは，そちらに送信するものがありません　　1 回
② 　どうぞ　　　　　　　　　　　　　　　　　　　　　1 回

8.　通信の終了（無線電話の場合）

　通信が終了したときは，「さようなら」を送信します。ただし，アマチュア局の行う通信では省略することができます。（運則 38 条）

9.　呼出し応答の簡易化（無線電話の場合）

⑴　呼出しの簡易化

　空中線電力 50 ワット（第四級アマチュア無線技士の電力については第 4・1 表参照）以下の無線設備を使用して呼出しを行う場合において，確実に連絡の設定ができると認められるときは，呼出事項のうち，「こちらは」及び「自局の呼出符号 3 回以下」を省略することができます。なお，簡易化された呼出しを行った場合は，その通信中少なくとも 1 回以上，自局の呼出符号を送信しなければなりません。（運則126 条の 2）

⑵　応答の簡易化

　空中線電力 50 ワット以下の無線設備を使用して応答を行う場合において，確実に連絡の設定ができると認められるときは，応答事項のうち，「相手局の呼出符号 3 回以下」を省略することができます。（運則 126 条の 2）

10.　通報の長時間の送信（無線電話の場合）

アマチュア局は，長時間継続して通報を送信するときは，10分ごとを標準として適当に「こちらは」及び自局の呼出符号を送信しなければなりません。（運則30条）

11.　誤送の訂正（無線電話の場合）

送信中において誤った送信をしたことを知ったときは，「訂正」の略語を前置して，正しく送信した適当の語字から，さらに送信しなければなりません。（運則31条）

12.　周波数等の変更（無線電話の場合）

⑴　周波数等の変更を要求する場合

通信中において，混信の防止その他の必要により，使用電波の型式又は周波数の変更を要求しようとするときは，次の事項を順次送信して行います。（運則34条）

　　　そちらは，……（周波数又は電波の型式及び

　　　周波数）に変えてください　　　　　　　　　　　　1回

⑵　相手局の要求により周波数等を変更する場合

相手局から，自局の送信する電波の周波数等の変更を求められ，これに応じようとするときは，次の事項を送信して行います。（運則35条）

　　「了解」　1回を送信して，直ちに周波数等を変更します。

　　この場合，通信状態などにより必要と認めるときは，次の事項を順次送信してから，直ちに周波数等を変更します。

　　　①　了解　　　　　　　　　　　　　　　　　　　1回

②　こちらは，……（周波数等）に変更します　　　　　1 回

5-5　試験電波の発射方法

1.　試験電波を発射する前の措置

(1)　擬似空中線回路（ダミーロード）の使用

アマチュア局は，無線設備の機器の試験又は調整を行うときは，なるべく擬似空中線回路（ダミーロード）を使用しなければなりません。（法 57 条）

(2)　試験電波を発射する前の聴守

試験電波を発射する前に，自局の発射しようとする電波の周波数及びその他必要と認める周波数によって聴守し，他の無線局の通信に混信を与えないことを確かめなければなりません。（運則 39 条 1 項）

2.　試験電波の発射（無線電話の場合）

(1)　試験電波の発射の方法

試験電波を発射する前の聴守により，他の無線局の通信に混信を与えないことを確かめたときは，次の事項を順次送信して試験又は調整を行います。（運則 39 条 1 項）

①　ただいま試験中　　　　　　　　　　　　　　　3 回

②　こちらは　　　　　　　　　　　　　　　　　　1 回

③　自局の呼出符号　　　　　　　　　　　　　　　3 回

④　本日は晴天なり　　　　　　　　　　　　　　　連続

⑤　自局の呼出符号　　　　　　　　　　　　　　　1 回

上記①から③までの送信が終わったならば引き続いて 1 分間聴守を行い，他の無線局から停止の要求が無い場合に限り④及び⑤を送信し

ます。

⑵　試験電波発射中の注意及び発射の中止

① 「本日は晴天なり」の連続及び自局の呼出符号の送信は，原則として10秒間を超えて行うことはできません。(運則39条1項，3項)

② 試験又は調整のため電波を発射しているときは，しばしばその電波の周波数により聴守し，他の無線局から停止の要求がないかどうか確かめなければなりません。(運則39条2項)

③ 他の既に行われている通信に混信を与える旨の通知を受けたときは，直ちにその発射を中止しなければなりません。(運則22条1項)

5-6　非常通信及び非常の場合の無線通信

1.　非常通信

　5-1の2の目的外通信等のところでも触れましたが，非常通信とは，地震，台風，洪水，津波，雪害，火災，暴動その他非常の事態が発生し，又は発生するおそれがある場合において，有線通信を利用することができないか又はこれを利用することが著しく困難であるときに人命の救助，災害の救援，交通通信の確保又は秩序の維持のために行われる無線通信をいいます。(法52条4号)

　なお，非常通信は，免許人の判断により行うことができます。

2.　非常の場合の無線通信

　総務大臣は，地震，台風，洪水，津波，雪害，火災，暴動その他非常の事態が発生し，又は発生するおそれがある場合においては，人命

の救助，災害の救援，交通通信の確保又は秩序の維持のため必要な通信を無線局に行わせることができます。（法74条1項）

　この無線通信を，総務大臣が無線局に行わせたときは，国はその通信に要した実費を弁償しなければなりません。（法74条2項）

3.　通信方法等（無線電話の場合）

(1)　呼出し及び応答の方法
　連絡を設定するための呼出し又は応答は，呼出事項又は応答事項に「非常」を3回前置して行います。（運則131条）

(2)　一括呼出し
　各局あて又は特定の無線局あての一括呼出しを行う場合は，「CQ」又は「相手局の呼出符号」の送信の前に「非常」を3回送信しなければなりません。（運則133条）

(3)　通報の送信方法
　通報を送信しようとするときは，その通報に「ヒゼウ」（和文の場合）又は「EXZ」（欧文の場合）を前置して行います。（運則135条）

(4)　「非常」を前置した呼出しを受信した場合の措置
　「非常」を前置した呼出しを受信したアマチュア局は，応答する場合を除き，これに混信を与えるおそれのある電波の発射を停止して，傍受しなければなりません。（運則132条）

4.　取扱いの停止

　免許人は，非常通信の取扱いを開始した後，有線通信の状態が復旧した場合は，速やかにその取扱いを停止しなければなりません。（運則136条）

5.　非常の場合の無線通信の訓練のための通信

（無線電話の場合）

　訓練のために行う通信は，呼出し又は応答に際して使用する「非常」並びに通報に前置して使用する「ヒゼゥ」又は「EXZ」の代わりに「クンレン」を使用します。（運則135条の2）

第6章　監　　　　督

6-1　電波の発射の停止

　　総合通信局長は，アマチュア局の発射する電波の質が，総務省令で
定めるものに適合していないと認めるときは，当該アマチュア局に対
して臨時に電波の発射の停止を命ずることがあります。(法72条1項)

　　総合通信局長から，臨時に電波の発射の停止を命じられたアマチュ
ア局は，直ちにその電波の発射を停止し，電波の質が総務省令に定め
るものに適合するようにしなければなりません。電波の質が総務省令
に定めるものに適合するようになった場合，その旨を総合通信局長に
申し出ます。

　　総合通信局長は，臨時に電波の発射の停止命令を受けたアマチュア
局から，その発射する電波の質が総務省令で定めるものに適合するに
至った旨の申出を受けたときは，そのアマチュア局に電波を試験的に
発射させなければなりません。(法72条2項)

　　総合通信局長は，上記の発射する電波の質が総務省令で定めるもの
に適合しているときは，直ちに電波の発射の停止を解除しなければな
りません。(法72条3項)

罰則

　　臨時に電波の発射の停止を命じられた無線局を運用した者は，1年
以下の懲役又は100万円以下の罰金に処せられます。(法110条8号)

6章

6-2　臨　時　検　査

1.　臨時検査

　総合通信局長は，次の場合には，その職員をアマチュア局に派遣し，その無線設備，無線従事者の資格及び員数並びに備えつけ書類を検査させることがあります。(法73条5項)

①　アマチュア局の発射する電波の質が総務省令に定めるものに適合していないと認めて，そのアマチュア局に対して臨時に電波の発射の停止を命じたとき。

②　臨時に電波の発射の停止を命じられたアマチュア局から，電波の質が総務省令に定めるものに適合するに至った旨の申出があったとき。

③　電波法の施行を確保するため特に必要があるとき。

　上記③の場合において，総合通信局長は，当該アマチュア局の発射する電波の質又は空中線電力に係る無線設備の事項のみについて検査を行う必要があると認めるときは，そのアマチュア局に電波の発射を命じて，その発射する電波の質又は空中線電力の検査を行うことがあります。(法73条6項)

2.　検査の結果

　検査職員がアマチュア局に派遣されて検査を行ったときは，その職員は，当該検査の結果に関する事項を文書により通知します。(施則39条1項)

　免許人は，検査の結果について総合通信局長から指示を受け相当な措置をしたときは，総合通信局長に報告しなければなりません。(施

則39条3項)

6-3 アマチュア局の免許の取消し等の処分

1. アマチュア局の運用の停止又は制限

総合通信局長は，免許人が次のいずれかに該当するときは，3か月以内の期間を定めてアマチュア局の運用の停止を命じ，又は期間を定めて運用許容時間，周波数若しくは空中線電力を制限することがあります。(法76条1項)

①　電波法又は放送法に違反したとき。

②　電波法又は放送法に基づく命令に違反したとき。

③　電波法又は放送法に基づく処分に違反したとき。

④　電波法又は放送法に基づく命令による処分に違反したとき。

罰則

①　アマチュア局の運用を停止されたアマチュア局を運用した者は，1年以下の懲役又は100万円以下の罰金に処せられます。(法110条8号)

②　運用許容時間，周波数若しくは空中線電力の制限を命じられ，これに違反した者は，50万円以下の罰金に処せられます。(法112条5号)

2. アマチュア局の免許を取り消されることがある場合

免許人が次のいずれかに該当するときは，そのアマチュア局の免許を取り消されることがあります。(法76条4項)

①　不正な手段によりアマチュア局の免許又は通信事項若しくは無線設備の設置場所の変更の許可を受けたとき。

②　不正な手段により無線設備の変更の工事の許可を受けたとき。

③　不正な手段によりアマチュア局に指定される電波の型式及び周波数，呼出符号，空中線電力並びに運用許容時間にかかる指定の変更を行わせたとき。

④　アマチュア局の運用の停止を命ぜられ，又はアマチュア局の運用許容時間，周波数若しくは空中線電力の制限を受けたにもかかわらず，これに従わないとき。

⑤　電波法又は放送法に規定する罪を犯し，罰金以上の刑に処せられ，その執行を終り，又はその執行を受けることがなくなった日から2年を経過しないとき。

6-4　無線従事者の免許の取消し等の処分

　無線従事者が次のいずれかに該当するときは，総務大臣は，その無線従事者の免許を取り消すことができ，総務大臣又は総合通信局長は，3か月以内の期間を定めて，その業務に従事することを停止することができます。(法79条1項)

①　電波法に違反したとき。

②　電波法に基づく命令に違反したとき。

③　電波法に基づく処分に違反したとき。

④　電波法に基づく命令による処分に違反したとき。

⑤　不正な手段により無線従事者の免許を受けたとき。

⑥　著しく心身に欠陥を生じ，無線従事者たるに適しない者となったとき。

罰則

　業務に従事することを停止されているのに無線設備の操作を行った無線従事者は，30万円以下の罰金に処せられます。(法113条22号)

6-5 報 告

アマチュア局の免許人は，次の場合は，総務省令で定める手続により，できる限りすみやかに，文書によって，総合通信局長に報告しなければなりません。(法80条，施則42条の4)

⑤ ① 非常通信等の重要な通信を行ったとき。

② 電波法又は電波法に基づく命令の規定に違反して運用した無線局を認めたとき。

総合通信局長は，無線通信の秩序の維持その他無線局の適正な運用を確保するため必要があると認めるときは，免許人に対し，無線局に
⑩ 関し報告を求めることができます。(法81条)

第7章　業　務　書　類

7-1　備えつけを要する業務書類

1.　備えつけを要する書類

アマチュア局には，業務書類として無線局免許状を備えつけておか
なければなりません。

なお，無線局には正確な時計及び業務日誌等の業務書類を備えつけ
ておかなければなりませんが，アマチュア局にあっては，これらの時
計及び業務書類は備えつけを省略できることになっています。(法60
条，施則38条1項，38条の2)

2.　書類の備えつけ場所

アマチュア局に備えつけを要する無線局免許状は，移動しないアマ
チュア局にあっては，無線設備の設置場所に備えつけ，移動するアマ
チュア局にあっては，無線設備の常置場所に備えつけておかなければ
なりません。ただし，免許状の備えつけは，当該免許状をスキャナ等
による読み取りにより作成した電磁的記録を写しとして，当該写しを
無線局に備えつけたパソコン，タブレット等に必要に応じ直ちに表示
させることをもって，これに代えることができます。(施則38条)

7-2　無線局免許状

1.　無線局免許状の訂正

　無線局免許状に記載された事項に変更が生じたときは，無線局の免許状の訂正申請書を総合通信局長に提出して，無線局免許状の訂正を受けなければなりません。この申請があった場合において，総合通信局長は，新たな無線局免許状の交付による訂正を行うことがあります。（法21条，免則22条1項，2項，3項）

2.　無線局免許状の再交付

　無線局免許状を破ったとき，汚したとき又は失ったときは，無線局免許状再交付申請書を総合通信局長に提出して，無線局免許状の再交付を受けることができます。（免則23条1項，2項）

3.　無線局免許状の返納

（1）　無線局免許状の再交付等を受けた場合

　免許人は，次の場合遅滞なく旧無線局免許状を総合通信局長に返納しなければなりません。（免則22条5項，23条3項）

①　無線局免許状の訂正を申請して，新たな無線局免許状の交付を受けたとき。

②　無線局免許状の再交付を受けたとき。（無線局免許状を失ったために再交付を受けた場合を除く。）

（2）　アマチュア局の免許がその効力を失った場合

　アマチュア局の免許がその効力を失った場合は，免許人であった者は，効力を失った日から1か月以内に，その無線局免許状を総合通信

7章

局長に返納しなければなりません。(法24条)

　アマチュア局の免許がその効力を失うのは，次のような場合です。

　①　免許人が，そのアマチュア局を廃止したとき。(法23条)

　②　免許人が，そのアマチュア局の免許の取り消しを受けたとき。
　　　(法76条4項)

　③　アマチュア局の免許の有効期間が満了したとき。

無 線 工 学

第1章　基　礎　知　識

1-1　電　　　気

1.　電圧，電流

　　第1・1図(A)のように，電池に豆電球を導線でつなぐと回路の中を電
5　子が移動し，電流が流れて電球が点灯します。このとき，電池が電流
　を流す力を電圧といい，電子の流れを電流といいます。また，電流の
　方向は電子の流れる方向と反対です。

　　電圧の記号は E，単位はボルト〔V〕が用いられ，電流の記号は I，
　単位はアンペア〔A〕が用いられます。

10　　また，第1・1図(A)の回路は，図(B)のような図記号で表します。

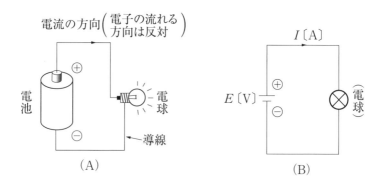

第1・1図　電球の点灯

2. 直流と交流

(1) 直流

第1·1図では，電池の電圧によって，方向と大きさが常に一定の電流が流れます。このような電圧や電流を直流（DC）といい，その時間的変化は第1·2図(A)のようになります。

(2) 交流

私たちの家庭で使っている電灯線の電圧や電流は，第1·2図(B)のように，時間の経過とともに方向と大きさが規則正しく変わる電圧や電流であり，これを正弦波交流又は単に交流（AC）といい，最大値を振幅といいます。

第1·2図(B)のaからbまでの繰り返しを1サイクルといい，1サイクルに要する時間を周期といいます。また，1秒間におけるサイクル

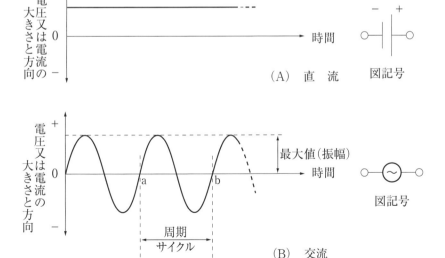

第1·2図　直流と交流

の数を周波数といい，周波数 f と周期 T〔秒〕の間には次のような関係があります。

$$f = \frac{1}{T} \tag{1·1}$$

また，周波数の単位はヘルツ〔Hz〕が用いられます。

周波数がおよそ 10 kHz 以上の交流を高周波といいます。また，周波数が 20 Hz ぐらいから 20 kHz ぐらいまでの交流は，低周波，可聴周波又は音声周波などといいます。(注)

3. 導体，絶縁体，半導体

電気を通しやすい金，銀，銅，アルミニウムなどの物質を導体といい，電気を通しにくいビニール，ポリエチレン，ガラス，紙，天然ゴムなどを絶縁体といいます。

また，導体と絶縁体との中間の性質をもったものを半導体といい，半導体には，ゲルマニウムやシリコンなどがあります。

(注)　単位の大きさを表すには，次の接頭語の記号を単位の記号の前に付て用います。

単位 10 の整数乗倍(倍数量又は分数量)の接頭語

倍数	接頭語の名称	接頭語の記号	倍数	接頭語の名称	接頭語の記号
10^{12}	テ ラ	T	10^{-3}	ミ リ	m
10^{9}	ギ ガ	G	10^{-6}	マイクロ	μ
10^{6}	メ ガ	M	10^{-9}	ナ ノ	n
10^{3}	キ ロ	k	10^{-12}	ピ コ	p

例えば，10,000 Hz(ヘルツ)と表す代わりに，10 kHz(キロヘルツ)と表し，記号 k(キロ)は 1,000(= 10^3)倍を示します。

また，単位の大きさを 1,000 分の 1(= 0.001 = 10^{-3})で表す場合は記号 m(ミリ)を用います。

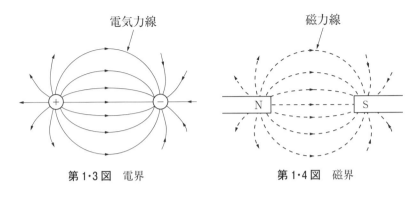

第1・3図　電界　　　　　　第1・4図　磁界

1-2　電　磁　気

1.　電界，電気力線

　プラス（＋）の電気とマイナス（−）の電気との間には，互いに引き合う力が働き，同種の電気の間には互いに反発し合う力が働きます。第1・3図のように電気力の働く場所を電界，電界の分布状況を仮想した線を電気力線といいます。

2.　磁界，磁力線

　磁石にはＮ極とＳ極があって，Ｎ極とＳ極は互いに引き合い，同じ極は反発し合う性質があります。第1・4図のように磁気力が働く場所を磁界，磁界の分布状況を仮想した線を磁力線といいます。

3.　電流の磁気作用

　導体（導線）に電流を流すと，第1・5図のように導体を中心に同心円状に磁力線が生じます。

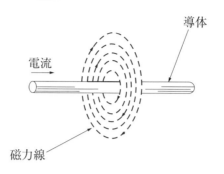

第1・5図　電流が作る磁界

4.　シールド

　電気力線，磁力線による影響を防止する方法をシールド（遮へい）といいます。

1-3　抵　　　　　抗

5　導体には電流の流れやすいものと流れにくいものがあり，電流の流れにくさを表す量を抵抗といい，記号は R，単位はオーム〔Ω〕が用いられます。

　また，抵抗は第1・6図のような図記号で表します。

1-4　オームの法則

10　抵抗に電圧を加えたとき，その抵抗に流れる電流は，電圧に比例し，抵抗に反比例します。これをオームの法則といいます。

　第1・7図のように，抵抗 R〔Ω〕の両端に，直流又は交流の電圧 E〔V〕を加えたとき，抵抗 R に流れる電流 I〔A〕は，次式のよう

第1・6図　抵抗の図記号

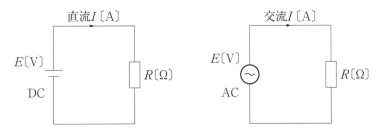

第1・7図 抵抗に電圧を加えた場合

になります。

$$I = \frac{E}{R} \tag{1・2}$$

1-5　電　　　力

抵抗に電流が流れると，熱が発生します。これを電流の熱作用とい
います。このように電気の行う仕事を電力といい，記号は P，単位は
ワット〔W〕が用いられます。

第1・7図において，電圧 E〔V〕，電流 I〔A〕のとき，抵抗 R
〔Ω〕で行う仕事（例えば，電球の点灯など），すなわち電力 P〔W〕
は，

$$P = EI \tag{1・3}$$

となります。

1-6　抵抗器，コンデンサ，コイル

1.　抵抗器

電流を制限する目的で作られた部品を抵抗器，又は略して抵抗とい

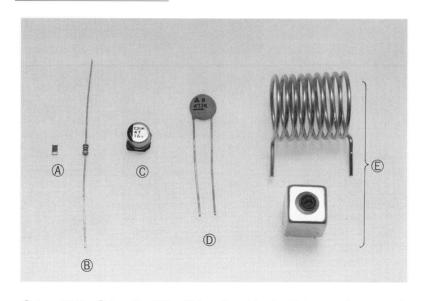

Ⓐチップ抵抗　Ⓑカーボン抵抗　Ⓒチップコンデンサ　Ⓓセラミックコンデンサ
Ⓔコイルの一例

います。

2. コンデンサ

　2枚の金属板を狭い間隔で向かい合わせ，その間に空気，紙，プラ
スチックなどの絶縁体を挿入したものをコンデンサといいます。コン
デンサがどれくらい電気を蓄えられるかの能力を示す値を静電容量
（キャパシタンス）といい，記号は C，単位はファラド〔F〕が用い
られます。コンデンサは，第1・8図のような図記号で表します。
　コンデンサに直流電圧を加えると，瞬間的に電流が流れて電気が蓄

第1・8図　コンデンサの図記号

第1・9図　コイルの図記号

えられ，すぐ電流は流れなくなります。

　コンデンサに交流電圧を加えると，電流が常に流れますが，抵抗と同じように電流を制限する作用があります。

3.　コイル

　導線をらせん状にしたものをコイルといい，記号は L，単位はヘンリ〔H〕が用いられます。コイルは，第1・9図のような図記号で表します。

　コイルに交流電圧を加えた場合は常に抵抗と同じように電流を制限する作用を生じます。

1-7　共　振　回　路

　コンデンサとコイルを組み合わせた回路で，流れる交流電流が最大あるいは最小になる現象を共振といい，このときの交流の周波数を共振周波数といいます。

　また，このような回路を共振回路といい，フィルタとして用いられます。

　　① 　帯域フィルタ（BPF）：特定の帯域幅の周波数を通過させます。

　　② 　低域フィルタ（LPF）：特定の周波数より，低い周波数を通過させます。

　　③ 　高域フィルタ（HPF）：特定の周波数より，高い周波数を通過させます。

1-8 半 導 体

　純粋なシリコンまたはゲルマニウムの結晶中に，ごくわずかな砒素（ひそ）やアンチモンなどを混ぜたものをN形半導体といいます。また，ごくわずかなインジウムやガリウムなどを混ぜたものをP形半導体といいます。

1. ダイオード

　第1・10図(A)のように，P形とN形の半導体を接合したものをダイオードといい，図(B)のような図記号で表します。

　ダイオードは，図(B)に示すように一方向（矢印）にしか電流を流さない性質があります。ダイオードの両端に直流電圧を加えると，電流がよく流れるような電圧のかけ方を順方向電圧，電流が流れにくいような電圧のかけ方を逆方向電圧といいます。

2. トランジスタ

　N形半導体の間に極めて薄いP形半導体を接合したものをNPN形トランジスタといいます。その構造は第1・11図(A)のとおりで図記号は第1・12図(A)のように表します。

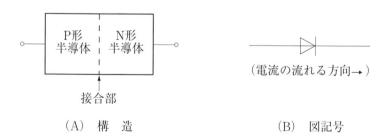

（A）構 造　　　　　　　（B）図記号

第1・10図 ダイオード

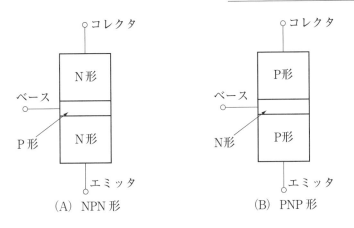

第1・11図 トランジスタの構造

　また，P形半導体の間に極めて薄いN形半導体を接合したものを
PNP形トランジスタといいます。その構造は第1・11図(B)のとおりで
図記号は第1・12図(B)のように表します。

　これらのトランジスタは第1・11図のようにコレクタ，ベース，エ
ミッタの電極が設けられ，ベース電流を少し変化させるとコレクタ電
流が大きく変化します。これを増幅作用といい，この作用を利用して
増幅器や発振器などに用いられます。

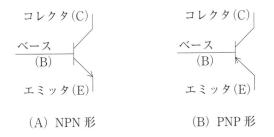

第1・12図 トランジスタの図記号

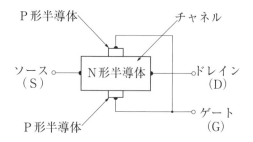

第1·13図　電界効果トランジスタ（FET）の構造の一例

3.　電界効果トランジスタ（FET）

　第1·13図のようにチャネルにＮ形半導体を用いて，ソース(S)及び
ドレイン(D)の電極を付け，この半導体をはさんでＰ形半導体のゲー
ト(G)電極を接合したトランジスタをＮチャネル接合形FETといいま
す。

　また，チャネルにＰ形半導体を用い，この半導体をはさんでＮ形
半導体を接合したトランジスタをＰチャネル接合形FETといいます。

　これらのFETは，ゲート電圧を少し変化させるとドレイン電流が
大きく変化します。これを増幅作用といい，この作用を利用して増幅
器や発振器などに用いられます。図記号は第1·14図のように表しま
す。

（A）Nチャネル接合形FET　　（B）Pチャネル接合形FET

第1·14図　FET の図記号

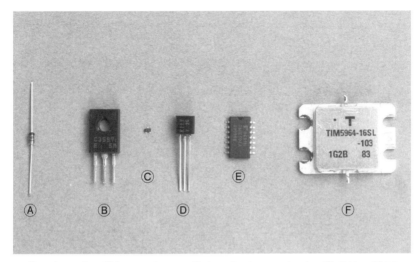

Ⓐダイオード　Ⓑトランジスタ　Ⓒチップ・トランジスタ　Ⓓ FET　Ⓔ IC
Ⓕ単一マイクロ波用電力増幅用 IC

1-9 集 積 回 路

　トランジスタ，ダイオード，コンデンサ，抵抗などを一つの基板上に集積して組み込んだ微小電子回路を集積回路（IC）といいます。

　単一マイクロ波用電力増幅半導体素子（MMIC）は，多くのマイクロ波回路の電力増幅器として使用されています。

　集積回路は非常に小形で多機能である利点があります。

第2章　電　子　回　路

2-1　増　　　　幅

　第2·1図のように，交流などの振幅を増大することを増幅といい，増幅を行うための回路を増幅回路といいます。

5　　増幅回路は，増幅する交流の周波数などによって，低周波増幅回路，高周波増幅回路などに分類されます。

第2·1図　電圧増幅回路の原理

2-2　発　　　　振

　第2·2図(A)のような電気振動を図(B)のように一定振幅のまま持続さ

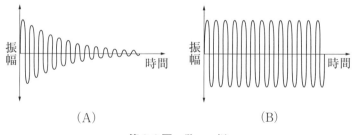

第2·2図　発　　振

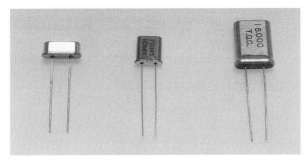

水晶振動子のいろいろ

せることを発振，そのための回路を発振回路といいます。発振周波数がコイル L とコンデンサ C の共振回路によって決定されるものを LC 発振回路（自励発振回路），水晶振動子によって発振周波数が決定されるものを水晶発振回路といいます。

5　　高い周波数でも安定した周波数を発振させることができる回路に PLL（Phase Locked Loop）発振回路があります。

2-3　変　調

高周波を音声信号などで変化させることを変調，その高周波を搬送波といいます。また，変調された高周波を変調波といいます。

10　　第2・3図のように，搬送波 f_c の振幅を，音声などの信号波 f_s の振

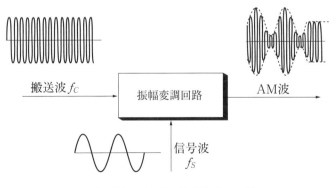

第2・3図　AM 波を得る方法の一例

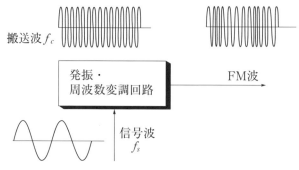

第2・4図　FM波を得る方法の一例

幅に応じて変化させる方式を振幅変調（AM）といいます。

　第2・4図のように，搬送波f_cの周波数を，音声などの信号波f_sに応じて変化させる変調方式を周波数変調（FM）といいます。

　第2・5図のように搬送波f_cの周波数の位相[注1]を，音声などの信号波f_sに応じて変化させる変調方式を位相変調（PM）といいます。

　デジタル変調を行うには，音声などのアナログ信号波を「0」と「1」で表現する2進デジタル信号に変換しなければなりません。

　このことを「デジタル化」（A-D変換）といいます。その流れは，第2・6図のように，①信号波を多くの棒状に分ける「標本化」，②そ

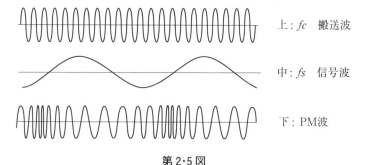

上：fc　搬送波

中：fs　信号波

下：PM波

第2・5図

[注1]位相とは，1周期（1サイクル）内の波の位置をいい，サイクルの始まりが0度，終わりが360度になります。なお，位相変調した波（PM波）は，周波数変調波（FM波）と等価になるため周波数変調波と見なす場合もあります。

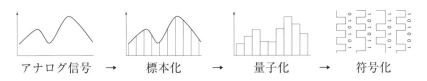

アナログ信号　→　標本化　→　量子化　→　符号化

第2·6図　A-D 変換の概要

の棒状の値（高さ）を数値にする「量子化」，次に③量子化した数値を「0」と「1」の二進数による「符号化」をします。

　こうしてできたデジタル符号をベースバンド信号といい，これを変調する方法にはFSK，ASK，PSK，QAM[注2]などの方式があります。

2-4　復　調（検　波）

　第2·7図のように，変調波から信号波を取り出すことを復調又は検波といいます。

2-5　周　波　数　変　換

　周波数f_1の交流と周波数f_2の交流を混合すると，周波数が(f_1-f_2)，(f_2-f_1)又は(f_1+f_2)の交流に変換することができます。このような作用を周波数変換といいます。

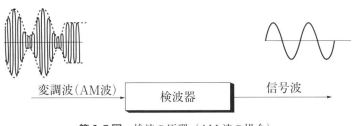

変調波（AM波）　検波器　信号波

第2·7図　検波の原理（AM 波の場合）

[注2] FSK（周波数偏移変調），ASK（振幅偏移変調），PSK（位相偏移変調），QAM（直交位相振幅変調）。

第3章　無線通信装置

　電波を利用して，音声，電信符号，映像（テレビジョン），画像（ファクシミリ）などを送る装置を送信機，また，受ける装置を受信機といいます。なお，送信機と受信機が一つのケースに収容されたものをトランシーバといいます。

3-1　DSB 無線電話装置

1.　DSB 波

　周波数 f_c の搬送波を単一周波数 f_s の信号波で振幅変調したときのAM 波の周波数分布は第3・1図(A)のように

$$(f_c - f_s) \qquad f_c \qquad (f_c + f_s)$$

の周波数成分を含んでいます。このときの周波数の帯域幅（$2f_s$）を占有周波数帯幅といい，搬送波周波数より低い周波数（$f_c - f_s$）を下側波，搬送波周波数より高い周波数（$f_c + f_s$）を上側波といいます。このように搬送波を中心に上側波と下側波の両方を伝送する方法をDSB（両側波帯）方式といいます。

　また，周波数 f_c の搬送波を最高周波数が 3 kHz までの音声信号波で振幅変調したときは，第3・1図(B)のように搬送波周波数を中心に ±3 kHz の上側波帯と下側波帯ができます。

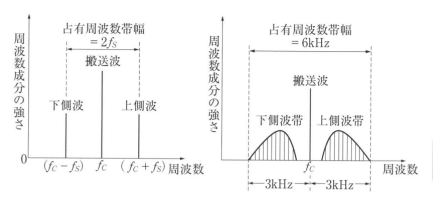

（A）単一周波数 f_S で変調した場合　　（B）音声で変調した場合

第3·1図　DSB 波の周波数分布

3章

2. DSB 送信機

DSB 送信機は，搬送波を音声などの信号波で振幅変調した場合に，搬送波を中心に両側に生じる側波帯を伝送する装置です。

第3·2図は DSB 送信機の構造の一例で，その動作の概要は次のとおりです。

① マイクロホン（MIC）：音声を電気信号に変えるものです。

② 音声増幅器：マイクロホンの出力を適当な大きさに増幅します。

③ 発振器：搬送波を作ります。

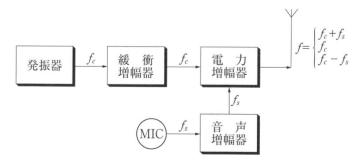

第3·2図　DSB 送信機の構成の一例

マイクロホンの一例

④　緩衝増幅器：発振器と次の増幅器の間に設け，後段の影響による発振器の発振周波数の変動を防止することを目的としています。

⑤　電力増幅器：搬送波 f_c を必要な電力まで増幅すると同時に，信号波 f_s で振幅変調しています。

3.　DSB 受信機

第 3·3 図は DSB 受信機の構成の一例で，各部の動作は次のとおりです。

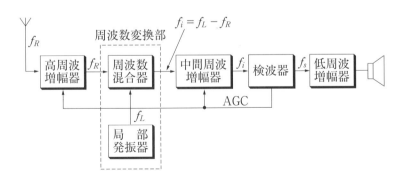

第 3·3 図　DSB 受信機の構成の一例

① 高周波増幅器：受信機の感度^(注)を向上させます。

② 周波数変換部：受信周波数 f_R に局部発振器の発振周波数 f_L を周波数混合器で混合し，受信周波数を中間周波数 f_i に変換します。

③ 中間周波増幅器：周波数変換部の出力周波数 f_i を増幅します。

④ 検波器：中間周波増幅器出力の振幅変調波を復調して信号波を取り出します。

⑤ 低周波増幅器：検波器出力 f_s の音声信号波を，スピーカやヘッドホンを動作させるのに必要な電力に増幅します。

⑥ スピーカ，ヘッドホン：電気信号を音に変換させるものです。

⑦ AGC（自動利得制御）回路：受信入力信号のレベルが変動しても，受信機の出力をほぼ一定にします。

4. DSB トランシーバ

DSB 送信機と DSB 受信機が一つのケースに収容されたものを DSB トランシーバといいます。

3-2　SSB 無線電話装置

1. SSB 波

DSB 方式では第3・1図のように，信号波を伝送するのに上下両方の側波帯を使用していますが，そのいずれかの側波帯を使用して信号波を伝送することができます。このような伝送の方法を SSB（単側波帯）方式といいます。第3・4図は，信号波が音声の場合であって上側波帯を使用し，かつ搬送波を抑圧している SSB 波の一例です。

---

^(注)感度とは，どれだけ弱い電波まで受信できるかの能力を表すものです。

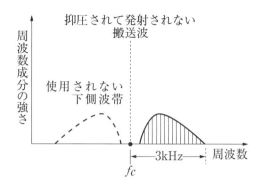

第3·4図　上側波帯を使用するSSB波の周波数分布

　第3·5図の平衡変調回路において，搬送波f_cを信号波f_sで振幅変調すると搬送波が抑圧されます。この出力を帯域フィルタ（BPF）に加えると，上側波帯又は下側波帯のいずれかのSSB波を得ることができます。

2.　SSB送信機

　SSB送信機は，搬送波を音声などの信号波で振幅変調したときに

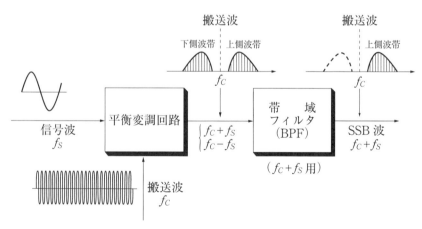

第3·5図　SSB波を得る回路（上側波帯の場合）の一例

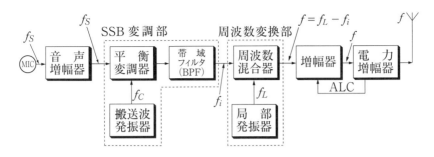

第3·6図 SSB 送信機の構成の一例

生じる上下両側波帯のうち，いずれか一方の側波帯を取り出して伝送
する装置です。

第3·6図はSSB送信機の構成の一例で，その動作の概要は次のと
おりです。

① SSB変調部：搬送波周波数f_cを音声信号周波数f_sで振幅変調
し，帯域フィルタ（BPF）を通して周波数f_iのSSB波を得ます。

② 周波数変換部：周波数f_iのSSB波を送信電波の周波数fに変
換します。

③ ALC回路：電力増幅器に一定レベル以上の入力電圧が加わっ
た場合，自動的に入力レベルを制御するために設けます。

3. SSB 受信機

第3·7図はSSB受信機の構成の一例で，各部の動作は次のとおり
です。

① クラリファイヤ：スピーカから聞こえる信号がひずんでいる場
合，周波数変換部の局部発振器の発振周波数を変化させて，その
信号を明りょうに受信できるようにしています。クラリファイヤ
を使用しても送信する電波の周波数は変化しません。

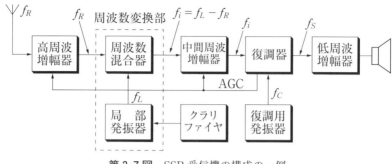

② 　復調器：中間周波増幅器の出力周波数f_iのほかに，復調用発振器の出力周波数f_cを同時に加えて検波し信号波を取り出します。

③ 　復調用発振器：SSB波は搬送波が抑圧されているので，この周波数に相当する周波数f_cを発振させます。

4.　SSB トランシーバ

　SSB送信機とSSB受信機を一体化し，一つのケースに収容したものをSSBトランシーバといいます。第3·8図はSSBトランシーバの一例です。

　SSBトランシーバで送信と受信の切換は，マイクロホンのPTT[注1]ボタンを用いて行います。

　一部のトランシーバでは，装置内の各回路において，従来のアナログ方式による処理を行っている部分をデジタル処理することにより，アナログ処理では難しい処理を行う回路を構成することができます[注2]。

[注1] PTT は Push To Talk の略で，このボタンを指で押すと送信状態，指を離すと受信状態になります。

[注2] このような処理を行うものを「デジタル信号プロセッサ」DSP（Digital Signal Processor）といいます。音声などの信号処理や制御を高速に行うことが可能で，アナログ回路に比べて信頼性が向上し，音響効果処理による音質向上などの利点があります。

第3·8図　SSB トランシーバの一例

3-3　FM 無線電話装置

1.　周波数変調

　FM 波は，搬送波の周波数が信号波の振幅に応じて変化します。これを周波数偏移といい，その大きさは信号波の振幅の大きさに比例します。従って，FM 波は信号波の振幅が大きくなるほど周波数偏移が大きくなり，占有周波数帯幅が広がります。

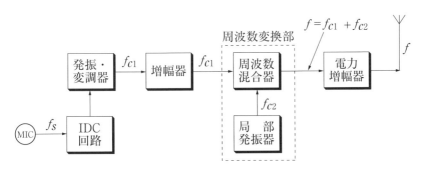

第3·9図　FM 送信機の構成の一例

2.　FM 送信機

　FM 送信機は，搬送波を音声などの信号波で周波数変調して伝送する装置です。

　第3·9図は FM 送信機の構成の一例で，その動作の概要は次のとおりです。

　　①　IDC 回路：マイクロホンに大きな音声信号が加わっても，FM波の周波数偏移を規定値内に収めるために設けます。

　　②　発振·変調器：搬送波を発振し，音声信号で周波数変調します。

3.　FM 受信機

　第3·10図は FM 受信機の構成の一例で，各部の動作は次のとおりです。

　　①　振幅制限器（リミッタ）：受信電波の振幅を一定にして，雑音などの振幅成分を取り除きます。

　　②　周波数弁別器（ディスクリミネータ）：振幅制限器の出力信号波の周波数変化を振幅の変化に直し，これを検波して音声周波数 f_s の信号波を取り出します。

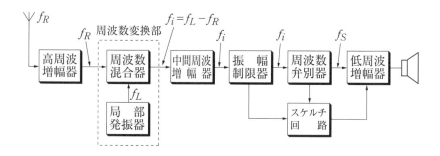

第3·10図　FM 受信機の構成の一例

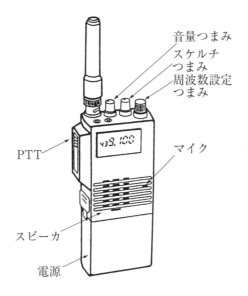

音量つまみ
スケルチ
つまみ
周波数設定
つまみ

PTT

マイク

スピーカ

電源

第 3·11 図　携帯用 FM トランシーバの一例

③　スケルチ回路：受信入力信号がなくなると，低周波増幅器の出力に大きな雑音が現れるので，この雑音を自動的に抑圧します。

4. FM トランシーバ

FM 送信機と FM 受信機が一つのケースに収容されたものを FM トランシーバといいます。第 3·11 図は携帯用 FM トランシーバの一例です。

（参考）　デジタル通信機：アナログの音声をデジタル変換して通信するシステムで，雑音に強く良好な音質で通信ができます。"D-STAR" や "C4FM" などの方式名があります。

3-4 デ ー タ 通 信

データ通信では，コンピュータのデータ信号をモジュレータ（変調器）で変換して，SSB又はFM送信機のマイクロホン端子などに加えることによって電波を発射することができます。

5   この電波をSSB又はFM受信機で受信し，その出力をデモジュレータ（復調器）で変換して，コンピュータに加えるとデータ信号を再現することができます。

なお，モジュレータとデモジュレータが一つになったものをモデム（変復調器）といいます。

10 ## 1. パケット通信

パケット通信はデータ通信の方式の一つで，一定の手順により，コンピュータのデータ量に応じた個数のパケット（小包）を作り，データを伝送します。

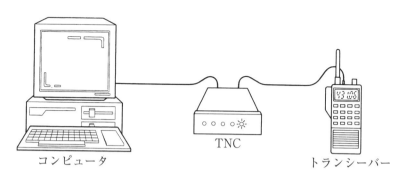

TNC

コンピュータ　　　　　　　　　　　　　　　　　トランシーバー

第3·12図　パケット通信装置の構成の一例

(注)TNC（Terminal Node Controller）には，モデムが内蔵されています。

TNC の一例

データが相手側へ確実に伝送されたかをチェックする機能があり，信頼性の高いデータ変換ができる特長があります。

2. TNC

一定の手順で，データ信号からパケットを作り，またパケットからデータ信号を復元したりする装置を TNC[注]といいます。

パケット通信は，第3·12図のようにコンピュータとトランシーバの間に TNC を接続し，キーボードを操作することにより行うことができます。

なお，TNC にはいろいろな通信方式に対応した多機能型のものもあります。

3-5　テレビジョン（TV）

1. ATV（アマチュアテレビジョン）

ATV は，テレビカメラ装置出力の映像信号（最高周波数4.5 MHz）で搬送波を振幅変調する方式のもの，また，テレビ放送用標準方式（残留側波帯方式）と同じように，映像搬送波を映像信号で振

幅変調した変調波と，音声搬送波を音声で周波数変調した変調波を複合する方式のものがあります。前者のテレビ電波の占有周波数帯幅は約9 MHz，後者のテレビ電波の占有周波数帯幅は6 MHzになります。

2.　SSTV（低速度走査テレビジョン）

5　　テレビカメラ装置出力の映像信号をスキャンコンバータで可聴周波数帯域の0〜3 kHzに変換し，SSB又はFM送信機のマイクロホン端子に加えると，SSTV電波を発射することができます。映像信号の帯域幅は，3 kHz以下となるのでHF帯で伝送することができますが，静止した画像しか伝送することができません。

10　　このSSTV電波は，SSB又はFM受信機で受信し，その信号をスキャンコンバータで変換して再現することができます。

3-6　ファクシミリ（FAX）

FAX電波は，伝送しようとする白黒の原画をFAX装置で可聴周波の画信号に変換し，この信号をSSB又はFM送信機のマイクロホン端子に加えることによって発射することができます。

15　　このFAX電波は，SSB又はFM受信機で受信し，その信号をFAX装置に加えると送信画を再現することができます。

3-7　RTTY

RTTY（ラジオテレタイプ）は，文字や符号などを送受信して行う通信方式です。

20　　RTTY電波を発生させるにはTNCを用いるもののほか，コンピュータで専用ソフトウェアを用いるものがあります。

第4章　電　　　　　源

　送信機や受信機を動作させるのに必要な電圧や電流を供給する装置を電源といいます。

4-1　電源用整流回路

5　電源用整流回路は，電源変圧器，整流器（ダイオードなど）及び平滑回路から構成されており，交流を直流に変えるものです。また，この回路に定電圧回路が併用されたものを安定化電源又は定電圧電源といいます。

1.　電源変圧器

10　電源変圧器は，一次側に交流電圧（例えば100 V）を加え，二次側から必要な交流電圧を取り出すためのものです。

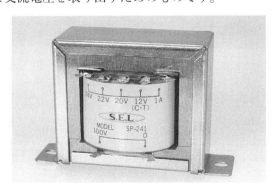

電源変圧器の一例

2.　整流回路

整流回路は，交流から直流をとり出すことを目的とした回路です。

3.　平滑回路

平滑回路は，整流器出力に含まれる交流分を取り除くことを目的とした回路です。

4.　定電圧回路

定電圧回路は，負荷が変化しても，出力電圧を常に一定に保つようにする回路です。

4-2　電　　　　　　池

電池は，化学作用を利用して直流の電圧を発生するもので，直流の電力を取り出すためのものです。

電池には，外部回路に電流を流して放電すると，電圧が低くなって

乾電池の一例：Ⓐ単一　Ⓑ単二　Ⓒ単三

蓄電池の一例：Ⓐ鉛蓄電池　Ⓑニッケル水素電池

使えなくなってしまう電池と，電流の化学作用を利用して，再び充電することによって元の電圧にもどすことができる電池とがあります。

1.　電池の種類

(1)　乾電池

乾電池には単一，単二，及び単三などがあり，1個当たりの電圧は1.5Vです。また，この電池は充電をすることができません。

(2)　蓄電池

蓄電池には鉛蓄電池（1個当たりの電圧約2V），ニッケル水素電池（1個当たりの電圧約1.2V）などがあります。これらの電池は充放電を繰り返して使用することができます。

2.　電池の容量

電池がどれだけの電流を流せるかという能力を電池の容量といい，放電する電流の大きさと放電できる時間の積で表します。その単位にはアンペア時〔Ah〕が用いられます。

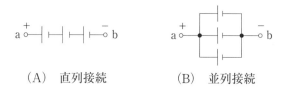

（A）　直列接続　　　　（B）　並列接続

第4·1図　電池の接続

3.　電池の接続

⑴　直列接続

　第4·1図(A)のような電池のつなぎ方を直列接続といい，それぞれの電池を直列に接続したときの ab 間の合成電圧は，それぞれの電池電圧の総和になりますが，容量は変わりません。

⑵　並列接続

　第4·1図(B)のような電池のつなぎ方を並列接続といい，それぞれ電圧の等しい電池を並列に接続したときの ab 間の合成電圧は，電池1個の場合と同じですが，容量はそれぞれの電池容量の総和になります。

4.　電池の取扱上の注意

　電池を使用する場合には，次のようなことに注意しなければなりません。

　①　電池の極性に注意すること。

　②　充電式の電池は，過電流や過放電を避けて使用すること。

　③　充電式の電池は，使用前に十分充電しておくこと。

　④　電池を充電する場合は，規定電流以下で行うこと。

　⑤　電圧や種類の異なる電池の接続は，避けること。

4-3　コンバータ, インバータ

1.　コンバータ

⑴　AC-DC コンバータ

　AC-DC コンバータは, 交流を必要な直流電圧に変換するために用いられます。

⑵　DC-DC コンバータ

　DC-DC コンバータは, 直流電源の電圧を必要な直流電圧に変換するために用いられます。

2.　インバータ

　インバータは, 直流を必要な交流電圧に変換するために用いられます。

DC-DC コンバータの一例

第5章　アンテナ，電波の伝わり方

5-1　電　　　　波

　導線に高周波電流を流すと，電波（電磁波）が発生し，空間を伝わります。電波が空間を伝わる速さは，光の速さと同じです。

5　電波の波長[注] λ （ラムダ）〔m〕と，周波数 f 〔MHz〕との間には

第5・1表　電波の分類

周波数の範囲	周波数の範囲に対応する波長の範囲	略称	通称
3kHzを超え～30kHz以下	10km以上～100km未満	VLF	長波
30kHzを超え～300kHz以下	1km以上～10km未満	LF	
300kHzを超え～3,000kHz以下	100m以上～1,000m未満	MF	中波
3MHzを超え～30MHz以下	10m以上～100m未満	HF	短波
30MHzを超え～300MHz以下	1m以上～10m未満	VHF	超短波
300MHzを超え～3,000MHz以下	10cm以上～100cm未満	UHF	極超短波（マイクロ波）
3GHzを超え～30GHz以下	1cm以上～10cm未満	SHF	
30GHzを超え～300GHz以下	1mm以上～10mm未満	EHF	（ミリ波）
300GHzを超え～3,000GHz以下	0.1mm以上～1mm未満		

[注] 周波数 f 〔Hz〕の電波は，1秒間に f サイクルの変化を繰り返しますから，1サイクルの時間中に電波が進行する長さを波長といいます。

次のような関係があります。

$$\lambda = \frac{300}{f}$$

電波は，その周波数によって第5·1表のように分類されています。

5-2　アンテナ（空中線）

5　アンテナはコイル及びコンデンサー並びに抵抗が直列になった LCR 直列共振回路と同じ等価回路とみなせるため，固有の共振周波数が生じます。

送信機の出力を，電波として空間に放射するものを送信アンテナといい，空間にある電波を受信機で受信するものを受信アンテナといい
10　ます。送信アンテナも受信アンテナも本質的に性能には相違がないので，一つのアンテナを送信及び受信用として共用することができます。

5章

1.　アンテナの種類

(1)　¼ 波長接地アンテナ

第5·1図のようなアンテナは，その長さ l がアンテナの基部に供給
15　された高周波電源の波長の ¼ のとき基部の電流が最大になる状態を

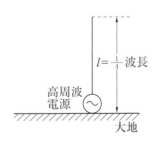

第5·1図　¼波長接地アンテナ

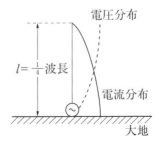

第5·2図　¼波長接地アンテナが同調したときの電流，電圧分布

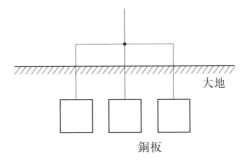

第 5・3 図　深掘接地

同調といい，このときの電源の周波数をアンテナの同調周波数又は共振周波数といいます。このアンテナを ¼ 波長接地アンテナといいます。また，このアンテナが同調したとき，アンテナに流れる電流分布と，電圧分布は第 5・2 図のようになります。

　このアンテナの場合には，接地抵抗をできるだけ小さくするようにしなければなりません。接地（アース）は第 5・3 図のようにアンテナの下部に最も近い大地をできるだけ深く掘り下げて，銅板を数枚並列にするか，又は銅棒を数本並列にして埋めた深掘接地方式などが用いられます。

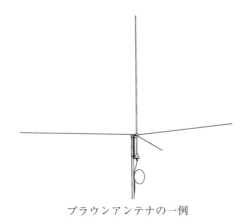

ブラウンアンテナの一例

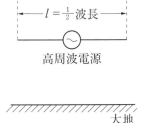

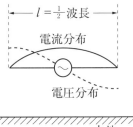

第5·4図　½波長ダイポールアンテナ

第5·5図　½波長ダイポールアンテナが同調したときの電流,電圧分布

　このアンテナは，中波及び短波で用いられます。

(2)　ブラウン（グランドプレーン）アンテナ

　¼波長接地アンテナの大地の代わりに長さが¼波長のラジアル線を用い，大地面より高く架設して使用するアンテナをブラウンアンテナ又はグランドプレーン（GP）アンテナといいます。

　このアンテナは，短波，超短波及び極超短波で用いられます。

(3)　½波長ダイポールアンテナ

　第5·4図のようなアンテナは，その長さ l がアンテナの中央に供給された高周波電源の波長の½のとき中央の電流が最大になる状態を同調といい，このときの電源の周波数をアンテナの同調周波数又は共振周波数といいます。このアンテナを½波長ダイポールアンテナといいます。このアンテナが同調したとき，アンテナに流れる電流分布と電圧分布は第5·5図のようになります。

　このアンテナは，おもに短波帯で用いられます。

(4)　八木アンテナ

　このアンテナは，特定の方向に電波を放射し，あるいは特定の方向から到来する電波を受信できるアンテナです。第5·6図のように反射器，放射器，導波器で構成されています。放射器には½波長ダイポ

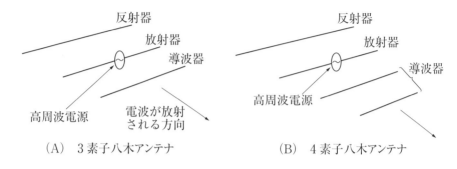

（A）　3素子八木アンテナ　　　　（B）　4素子八木アンテナ

第5・6図　八木アンテナの一例

ールアンテナを使用します。放射器の後方約 ¼ 波長のところに放射
器より少し長い反射器を置き，また，放射器の前方約 ¼ 波長のとこ
ろに放射器より少し短い導波器を置いた図(A)のアンテナを3素子八木
アンテナといいます。また，図(B)のように導波器を2本にしたアンテ
ナを4素子八木アンテナといいます。

　このアンテナは，短波，超短波及び極超短波で用いられます。

(5)　パラボラアンテナ

　パラボラアンテナは ½ 波長ダイポールアンテナなどの放射器の後
方に放物面の反射板を置いた構造になっています。

　このアンテナは，極超短波で用いられます。

2.　指向特性

　アンテナから放射される電波が，どの方向にどの程度の強さになる
か，また，どの方向からの電波をどの程度の強さで受信できるかを示
したものを指向特性といいます。この指向特性には，水平面指向特性
と，垂直面指向特性があります。

　¼ 波長接地アンテナの水平面内の指向特性は，第5・7図のように
なります。このようにいずれの方向に対しても同じ強さの電波を放射

パラボラアンテナの一例

し，あるいはいずれの方向からの電波も同じ強さで受信できるアンテナを全方向性（無指向性）アンテナといいます。

½波長ダイポールアンテナの水平面内の指向特性は第5・8図のように8字形になります。

5 　八木アンテナの水平面内の指向特性は第5・9図のとおりで，導波器の方向に電波を強く放射し，あるいは導波器に向かって到来する電波を強く受信できるアンテナです。このような単一指向特性のアンテナを一般にビームアンテナといいます。ビームアンテナには，八木アンテナの他にパラボラアンテナなどがあります。

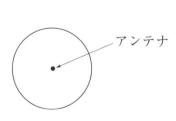

第5・7図　¼波長接地アンテナの
水平面内の指向特性の一例

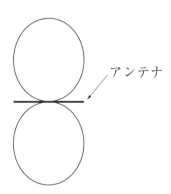

第5・8図　½波長ダイポールアンテナ
の水平面内の指向特性の一例

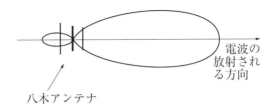

電波の
放射され
る方向

八木アンテナ

第5・9図　八木アンテナの水平面内の指向特性の一例

3.　利得

アンテナから発射する電波のエネルギーの強さをアンテナの利得といいます。

4.　給電点インピーダンス

アンテナに高周波電力を供給することを給電，給電する部分を給電点といいます。

給電点のインピーダンス[注]は第5・1図の ¼ 波長接地アンテナの場合は約 36 Ω，第5・4図の ½ 波長ダイポールアンテナの場合は約 75 Ω となります。ただし，これらの値は，¼ 波長接地アンテナの場合は大地を完全な導体とした場合で，½ 波長ダイポールアンテナの場合は大地の影響を考えない場合であって，実際には大地との関係によって変化します。

5-3　フィーダ（給電線），コネクタ

高周波電力をアンテナに送り込み，また，アンテナに誘起した高周波電圧を受信機へ送り込むための導線をフィーダといい，フィーダを

[注] 交流回路において，抵抗，コンデンサ及びコイルの総合的な電流を制限する作用をインピーダンスといいます。

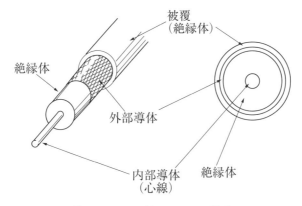

絶縁体

被覆
（絶縁体）

外部導体

内部導体
（心線）

絶縁体

第5·10図　同軸ケーブルの構造

アンテナや送受信機に接続するためのものをコネクタといいます。このフィーダとコネクタは，伝送中の損失が少ないものが必要です。

1. フィーダの種類，特性インピーダンス

フィーダには，第5·10図に示す同軸ケーブルや平行二線式給電線などがありますが，アマチュア局では主に同軸ケーブルが用いられます。

同軸ケーブルは，特性インピーダンスが，50 Ω又は75 Ωのものがよく用いられています。

2. コネクタの種類

同軸ケーブル用のコネクタには，M型，N型，及びBNC型などがあります。コネクタは，同軸ケーブルの太さ及びインピーダンスに合ったものを使用します。

3. 整　合

特性インピーダンス50 Ωのフィーダの一端に高周波電圧を加え，

各種同軸ケーブルと同軸ケーブル用のコネクタの一例：
コネクタは左から M 型，M 型，N 型，N 型，BNC 型

他端に特性インピーダンスと等しい値（50 Ω）の抵抗を接続すると，フィーダ上の電圧はどの場所でもその大きさは一定になります。この状態を整合がとれているといいます。

　整合をとるため，トランシーバ，フィーダ，アンテナ，及びコネクタは同じインピーダンスのものを用います。

　また，整合を取るための回路を用いる場合があり，そのひとつにバ

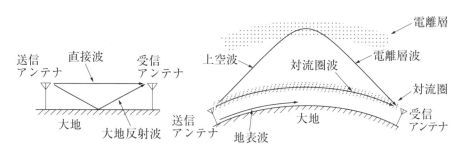

（A）　直接波，大地反射波　　　（B）　地表波，電離層波及び対流圏波

第5・11図　各種電波の伝わり方

ランがあります。バランは，同軸ケーブルのような不平衡フィーダと
ダイポールアンテナのような平衡アンテナの間に挿入して平衡—不平
衡のバランスをとることに用います。

5-4 電波の伝わり方

送信アンテナから放射された電波の伝わり方は，第5·11図に示す
とおりで，次のように分類されます。

電波の伝わり方
- 地上波
  - 直接波……送信アンテナから受信アンテナに直進する電波
  - 地表波……大地の表面に沿って伝わる電波
  - 大地反射波……送信アンテナから出た電波が大地（水面も含む）で反射して受信アンテナに達する電波
- 電離層波……送信アンテナから出た電波（上空波）が電離層で反射して受信アンテナに達する電波
- 対流圏波……送信アンテナから出た電波が対流圏内を伝わって受信アンテナに達する電波

1. 電波と電離層

地上から約50km～400kmの上空には，第5·12図に示すように電子
とイオンからできている電離層がいくつかあり，地上からの高さの低
い方から，D層，E層，F層といいます。これらの電離層は，電波を
減衰（吸収，散乱），屈折又は反射させる性質があります。

2. 短波の伝わり方

短波は，地表波の減衰が大きいので，電離層波が主体になります。

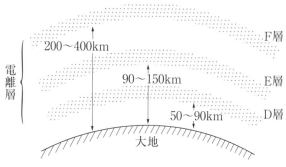

第5·12図　電離層の種類

　電離層波は，第5·13図(A)のように大地とF層との間で反射を繰り返すので遠距離まで伝わります。

　電離層波を受信する場合，電波の強さが変わり，受信音が大きくなったり，小さくなったり，あるいはひずんだりする現象を一般にフェ
⁵ージングといいます。

　地表波は，第5·13図(B)のように送信アンテナの近くでは受信できますが，遠ざかるにしたがって急激に減衰し，ついに受信不能の状態になります。一方，電離層波は送信アンテナからある距離以上離れた地域に到達し，地表波も電離層波も到達しない範囲が生じる場合，こ
¹⁰の領域（第5·13図(B)のBC間）を不感地帯といいます。

3.　超短波，極超短波の伝わり方

　超短波（VHF）や極超短波（UHF）の電波は，上空波が電離層で反射されないでほとんど突き抜けてしまうので，直接波と大地反射波が主体になります（第5·11図(A)参照）。直接波は，光の伝わり方と同
¹⁵じで，主に見通し距離内に伝搬しますが，次のような場合には見通し距離外の地域へ伝搬することがあります。

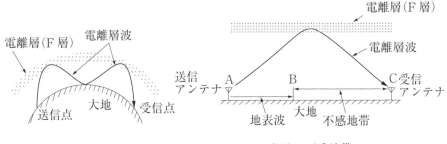

（A）　短波の伝わり方　　　　（B）　不感地帯

第5・13図　短波の伝わり方

(1)　スポラディックE層（Es層）で反射する場合

　スポラディックE層は，E層とほぼ同じ高さに突発的に発生し，E層より電子の密度が大きいので，VHFの電波を反射します。また，夜間よりも昼間に多く現れ，冬期よりも夏期に多く局地的に発生します。

(2)　散乱による場合

　電離層や対流圏（地上10km～15kmにある大気）内で電波の散乱が起こると，見通し距離外の地点に電波が伝搬します。

(3)　回折による場合

　電波は光と同じように，物体の端で折れ曲がる（これを回折といいます。）性質があるので，伝搬途中に山岳などがあると山頂で電波が回折して，山岳背後の地域へ伝わります。

(4)　ラジオダクトによる場合

　大気中に電波を閉じ込めるラジオダクト（ダクト）という層ができると，電波が反射しながら遠距離まで伝わります。

（参考）レピータ：無線通信中継装置のことで，主に430MHz帯，1,200MHz帯で運用されています。山の上など見通しの良い場所に設置され，直接波が届かない場合でも遠くの局と通信を行うことができます。

第6章　測　　　　　　定

6-1　指　示　計　器

　電圧または電流を測定し表示するものを指示計器（メータ）といいます。指示計器には，測定値が指針で表示されるアナログ方式と数字で表示されるデジタル方式があります。

6-2　測　　定　　器

1.　マルチメーター（テスタ）

　直流電圧，直流電流，交流電圧，抵抗値などを測定できる測定器をマルチメーター（テスタ）といいます。

アナログテスタの一例　　　　デジタルテスタの一例

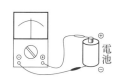

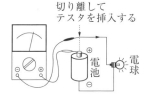

切り離して
テスタを挿入する

（A）電圧の測定の一例　　（B）電流の測定の一例

電圧，電流測定の一例

6章

フィーダ

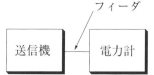

高周波電力計（終端型）の一例

第6・1図　電力計のつなぎ方の一例

SWR メータの一例

2.　高周波電力計

　抵抗器（擬似空中線）と指示計器を組み合わせ，電力の目盛りを付けたものを高周波電力計といいます。

　電力を測定するには，第6·1図のように接続し，測定する電力の値にあったレンジに切り替えて行います。

3.　SWR メータ

　第6·2図のように，アンテナのフィーダに挿入してアンテナとフィーダの整合状態を定在波[注]により調べることができる計器を SWR メータといいます。

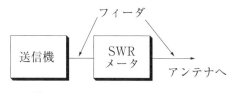

第6·2図　SWRメータのつなぎ方

[注]フィーダの特性インピーダンスと接続するアンテナなどの特性インピーダンスが不整合のとき，送信機からアンテナに向かって流れる電流（進行波）に対しアンテナから送信機の方に戻る電流（反射波）が発生します。これが重なり合ったものを定在波といいます。

（参考）アンテナアナライザ：アンテナのフィーダに接続し，単体でアンテナのSWR や特性インピーダンスなど整合状態を測定することができ，その簡便さから利用が進んでいます。

6-3 無 線 測 定

1. 空中線電力の測定

　SSB送信機に，音声信号の代わりに単一周波数の信号波（1000 Hz や1500 Hzなど）を加えてその強さを次第に大きくすると，第6·3図のように空中線電力が増加し飽和します。この飽和状態のときの値を測定したものがSSB送信機の空中線電力です。

2. 周波数の測定

　送信周波数は，トランシーバの周波数表示器によって測定することができます。そのためには周波数表示器を正しい周波数によって校正しておかなければなりません。トランシーバに校正用マーカ発振器が内蔵されている場合は，マーカ発振器の信号を受信して周波数表示器を校正します。

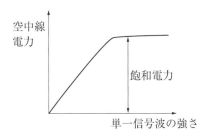

第6·3図　SSB送信機の空中線電力の測定

第7章　混信，電波障害

7-1　混　　　信

　電波を受信しているとき，他の無線局の電波が混入して受信を妨害
する現象を混信といいます。混信には，受信周波数と同じ周波数の妨
害波によって生じるものと，受信機の特性が原因で生じるものがあり，
無線機の内部で発生する不要な信号を内部雑音，外部から侵入する不
要な信号を外部雑音といいます。

　また，混信は種類により，減衰器（アッテネータ）やフィルタさら
にビームアンテナなどを用いると軽減することができます。

　受信機の特性が原因で生じる混信には，次のようなものがあります。

1.　イメージ周波数混信

　中間周波増幅器の周波数と局部発振器の周波数との周波数構成によ
り，受信周波数に他の周波数の電波が混入する現象をイメージ周波数
混信といいます。

2.　感度抑圧

　受信周波数と異なる周波数の強い電波によって受信機の感度が低下
してしまう現象を感度抑圧（ブロッキング）といいます。

7-2　電波障害の概要

アマチュア局が電波を発射すると，近隣のテレビやラジオ受信機などに，次のような電波障害を与えることがあります。この場合は，直ちにアマチュア局の電波の発射を中止しなければなりません。

5

① TVI（テレビ視聴障害）：テレビの画面が真っ黒になったり，画像が止まったり，ブロックノイズが出たりすることがあります。これを TVI といいます。

② BCI（ラジオ聴取障害）：ラジオの音声がとぎれることがあります。これを BCI といいます。

10

③ アンプ I：音響機器あるいは電子楽器などの低周波増幅部へ音声や符号が混入することがあります。これをアンプ I といいます。

④ テレホン I：電話機の音声がとぎれることがあります。これをテレホン I といいます。

7章

7-3　電波障害の原因

15

電波障害は，アマチュア局のスプリアス発射[注1][注2]の周波数が，テレビやラジオ放送などの周波数と一致した場合に生じるアマチュア局の送信機側の原因によるものと，アマチュア局の送信電波（基本波）がテレビなどに混入して生じる受信機側の原因によるものとがあります。

[注1]送信機から送信電波（基本波）と一緒に発射される高調波等の不必要な電波をスプリアスといいます。

[注2]送信電波の周波数またはスプリアスの強度を測るには，周波数成分の強度を表示するスペクトラム・アナライザーを用います。

7-4　電波障害の対策

1.　送信機側の対策

①　スプリアス発射を減衰させるために，送信機の出力端子に低域
フィルタ（LPF），又は帯域フィルタ（BPF）を挿入します。

⑤　②　送信機のケースなどからの不必要な電波の放射を防止するため，
ケースを接地したり，シールドを厳重にしたりします。

③　スプリアス発射を防止するため，送信電波の波形がひずまない
ようにします。

④　送信アンテナを電灯線やテレビ受信アンテナからできるだけ遠
⑩　ざけるようにします。

2.　受信機側の対策

アマチュア局の送信電波（基本波）が，テレビのアンテナに混入し
ている場合は，テレビのアンテナ端子と，フィーダとの間に高域フィ
ルタ（HPF）を挿入します。また，テレビなどの受信機内部のリー
⑮　ド線が，アマチュア局の電波を誘起している場合には，リード線のシ
ールド方法を変えたり，又は，フィルタを挿入します。

低域フィルタ（LPF）の一例

高域フィルタ（HPF）の一例

第8章　点　検，保　守

　トランシーバ，電源，アンテナなどは設置方法や操作方法が適切でないと故障を起こしたり，動作が不安定になって電波障害を発生させたりする場合があります。

5　これらの装置が，正常に動作し，その性能を維持するためには，点検と保守を行う必要があります。

8-1　装置の点検と保守

1.　トランシーバ

　トランシーバを使用する場合は，次のようなことに注意します。

10　①　電源コードやフィーダなどが，確実に接続されていること。

　②　マイクロホンが確実に接続されていること。

2.　電源

　電源[注]を使用する場合は，次のようなことに注意します。

　①　電源の電圧が，規定値であること。

15　②　直流電源は，極性に注意すること。

　③　電流容量が，適当であること。

[注]電池の取扱上の注意は，本書96ページ本文参照。

3.　アンテナ

アンテナを使用する場合は，次のようなことに注意します。

①　整合のとれたものを用いること。

②　フィーダが，確実に接続されていること。

4.　故障

装置の点検と保守が十分でないと故障が起こることがあります。ただし，故障と思われる場合でも，接続や操作が不適切なだけで，故障はしていないことがあります。故障の判定は，第8・1図の手順により行うことができます。

8-2　操　作　方　法

トランシーバの操作は，第8・2図の手順により行うことができます。また，トランシーバの操作をする場合は，次のようなことに注意します。

①　使わないときは，電源スイッチを切ること。

②　長時間の連続送信を避けること。

③　伝送する音声がひずまないようにすること。

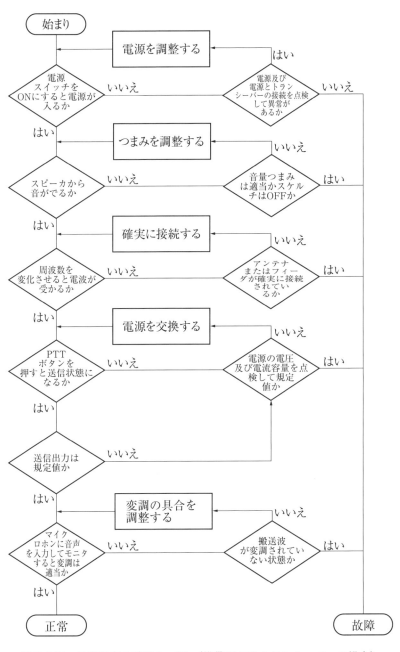

第8・1図 故障判定の手順の一例。(携帯用 FM トランシーバーの場合)

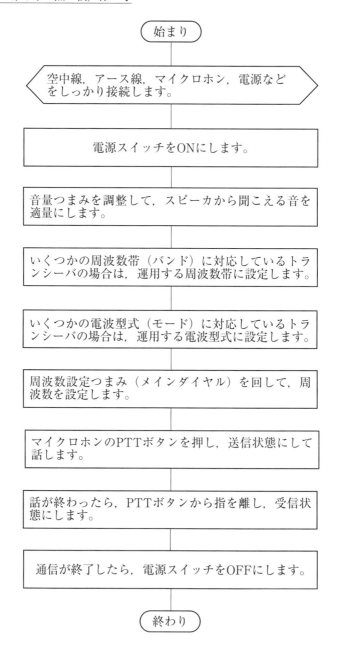

第8·2図　SSBトランシーバーの操作手順の一例

アマチュア無線の体験機会の提供

　法第39条の13により無線設備の操作は総務省令で定める場合を除き無線従事者でなければ行ってはならないとされていますが，施則34条の10により一定の条件のもとで，無線従事者以外の者がアマチュア局の無線設備の操作をその操作ができる資格を有する無線従事者の指揮の下に行うことができます。

　なお，当該指揮をする無線従事者は，アマチュア局の体験運用を行う者に対し，無線技術に対する理解と関心を深める等の適切な働きかけに努めることが求められています。また，この無線従事者以外の者が行うアマチュア局の運用は，施則第5条の2の規定に基づき，当該アマチュア局の免許人がする無線局の運用となります。

電波法施行規則（抜粋）

第34条の10　法第三十九条の十三ただし書の総務省令で定める場合は，次の各号に掲げる場合とする。

一　アマチュア局（人工衛星に開設するアマチュア局及び人工衛星に開設するアマチュア局の無線設備を遠隔操作するアマチュア局を除く。以下この項において同じ。）の無線設備の操作をその操作ができる資格を有する無線従事者の指揮（立会い（これに相当する適切な措置を執るものを含む。）をするものに限る。以下この号及び次項において同じ。）の下に行う場合であって，次に掲げる条件に適合するとき。

(1)　科学技術に対する理解と関心を深めることを目的として一時的に行われるものであること。

(2)　当該無線設備の操作を指揮する無線従事者の行うことができる無線設備の操作（モールス符号を送り，又は受ける無線電信の操作を除く。）の範囲内であること。

(3)　当該無線設備の操作のうち，連絡の設定及び終了に関する通信操作については，当該無線設備の操作を指揮する無線従事者が行うこと。

(4)　当該無線設備の操作を行う者が，法第五条第三項各号のいずれ

　　　か又は法第四十二条第一号若しくは第二号に該当する者でないこと。

二　臨時に開設するアマチュア局の無線設備の操作をその操作ができる資格を有する無線従事者の指揮の下に行う場合であって，総務大臣が別に告示する条件に適合するとき。

2　前項第一号に規定する無線設備の操作を指揮する無線従事者は，当該無線設備の操作を行う者が無線技術に対する理解と関心を深めるとともに，当該操作に関する知識及び技能を習得できるよう，適切な働きかけに努めるものとする。

ゲスト・オペレータ制度

　無線局運用規則第260条では，アマチュア局の無線設備の操作を行う者は，そのアマチュア局の免許人以外の者（免許人が社団であるアマチュア局の場合は，その局の構成員以外の者）であってはならないとされていますが，次の告示により免許人以外の者が行うアマチュア局の運用及びアマチュア無線体験制度による運用は，当該免許人がするアマチュア局の運用とみなされます。

令和4年　総務省告示　第331号

　電波法施行規則（昭和25年電波監理委員会規則第14号）第5条の2の規定に基づき，免許人以外の者が行う無線局（アマチュア局に限る。）の運用を，免許人がする無線局の運用とするものを次のように定める。

　免許人（電波法（昭和25年法律第131号。以下「法」という。）第14条第2項第2号の免許人をいう。以下同じ。）からアマチュア局の運用を行う免許人以外の者（法第5条第3項各号のいずれか又は法第42条第1号若しくは第2号に該当する者を除く。以下「運用者」という。）に対して，法及びこれに基づく命令の定めるところによる無線局の適正な運用の確保について適切な監督が行われているアマチュア局の運用であって，次に掲げるものとする。ただし，第1号の運用における立会いについては，運用しようとするアマチュア局の免許人が社団であって，当該免許人の承諾を得て，地震，台風，洪水，津波，雪害，火災，暴動その他非常の事態が発生し，又は発生するおそれがある場合において，人命の救助，災害の救援，交通通信の確保又は秩序の維持のために必要な通信を行うときは，当該免許人の立ち会いを要しないこととする。

一　アマチュア局の無線設備の操作をその操作ができる資格を有する無線従事者の指揮（立会い（これに相当する適切な措置を執るものを含む。）をするものに限る。以下同じ。）の下に，運用者が行う当該アマチュア局の運用であって，次に掲げる要件に適合するもの

　イ　アマチュア局の無線設備を操作することができる資格（外国において法第40条第1項第5号に掲げる資格に相当する資格を含む。以下同じ。）を有する運用者による運用であって，当該資格で操作できる範囲内で運用するものであること。

　ロ　運用しようとするアマチュア局の免許の範囲内で運用するものであること。

　ハ　呼出し又は応答を行う際は，運用しようとするアマチュア局の呼出符号を使用するものであること。なお，当該アマチュア局の呼出符号の後に，運用者が開設するアマチュア局の呼出符号又は氏名を送信しても差し支えない。

二　電波法施行規則（昭和25年電波監理委員会規則第14号）第34条の10の規定により，アマチュア局の無線設備の操作をその操作ができる資格を有する無線従事者の指揮の下に，運用者が行う当該アマチュア局の運用であるもの

[法規 5-2の5別表]
令和5年3月22日告示第80号

アマチュア業務に使用する電波の型式及び周波数の使用区別

	周波数帯の別	使用電波の型式及び周波数の使用区別	
		電波の型式	周波数
1	135.7kHzから137.8kHzまで	全ての電波の型式	135.7kHzから137.8kHzまで
2	472kHzから479kHzまで	全ての電波の型式	472kHzから479kHzまで
3	1,800kHzから1,875kHzまで及び1,907.5kHzから1,912.5kHzまで	A1A 全ての電波の型式(注1) 全ての電波の型式	1,800kHzから1,830kHzまで 1,830kHzから1,875kHzまで 1,907.5kHzから1,912.5kHzまで
4	3,500kHzから3,580kHzまで、3,599kHzから3,612kHzまで及び3,662kHzから3,687kHzまで	A1A 全ての電波の型式	3,500kHzから3,530kHzまで 3,530kHzから3,580kHzまで 3,599kHzから3,612kHzまで 3,662kHzから3,687kHzまで
5	3,702kHzから3,716kHzまで、3,745kHzから3,770kHzまで及び3,791kHzから3,805kHzまで	全ての電波の型式	3,702kHzから3,716kHzまで 3,745kHzから3,770kHzまで 3,791kHzから3,805kHzまで
6	7,000kHzから7,200kHzまで	A1A 全ての電波の型式	7,000kHzから7,030kHzまで 7,030kHzから7,200kHzまで
7	10,100kHzから10,150kHzまで	A1A 全ての電波の型式(注2)	10,100kHzから10,120kHzまで 10,120kHzから10,150kHzまで
8	14,000kHzから14,350kHzまで	A1A 全ての電波の型式	14,000kHzから14,070kHzまで 14,070kHzから14,350kHzまで
9	18,068kHzから18,168kHzまで	A1A 全ての電波の型式	18,068kHzから18,080kHzまで 18,080kHzから18,168kHzまで

	周波数帯	電波の型式	周波数
10	21,000kHzから21,450kHzまで	A1A	21,000kHzから21,070kHzまで
		全ての電波の型式	21,070kHzから21,450kHzまで
11	24,890kHzから24,990kHzまで	A1A	24,890kHzから24,900kHzまで
		全ての電波の型式	24,900kHzから24,990kHzまで
12	28MHzから29.7MHzまで	A1A	28MHzから28.07MHzまで
		全ての電波の型式(注3)	28.07MHzから29MHzまで
		全ての電波の型式	29MHzから29.3MHzまで
			29.3MHzから29.51MHzまで(注6)
			29.51MHzから29.59MHzまで(注7)
			29.59MHzから29.61MHzまで
			29.61MHzから29.7MHzまで(注7)
13	50MHzから54MHzまで	全ての電波の型式(注4)	50MHzから50.07MHzまで(注8)
		全ての電波の型式(注3)	50.07MHzから50.3MHzまで(注8)
			50.3MHzから51MHzまで
		全ての電波の型式	51MHzから54MHzまで
14	144MHzから146MHzまで	全ての電波の型式(注3)	144MHzから144.02MHzまで(注9)
			144.02MHzから144.2MHzまで(注8)
		全ての電波の型式	144.2MHzから144.5MHzまで
			144.5MHzから144.6MHzまで(注15)
			144.6MHzから144.7MHzまで
		全ての電波の型式(注5)	144.7MHzから145.65MHzまで(注10)
		全ての電波の型式	145.65MHzから145.8MHzまで(注15)
			145.8MHzから146MHzまで(注6)
15	430MHzから440MHzまで	A1A	430MHzから430.1MHzまで

No.	周波数帯	電波の型式	周波数
		全ての電波の型式（注3）	430.1MHzから 430.7MHzまで
		全ての電波の型式	430.7MHzから 431MHzまで（注15）
			431MHzから 431.4MHzまで
		全ての電波の型式（注5）	431.4MHzから 431.9MHzまで（注10）
		全ての電波の型式（注3）	431.9MHzから 432.1MHzまで（注9）
		全ての電波の型式（注5）	432.1MHzから 434MHzまで（注10）
		全ての電波の型式	434MHzから 435MHzまで（注11、注15）
			435MHzから 438MHzまで（注6）
			438MHzから 439MHzまで（注15）
			439MHzから 440MHzまで（注11、注15）
16	1,260MHzから 1,300MHzまで	全ての電波の型式	1,260MHzから 1,270MHzまで（注6）
			1,270MHzから 1,273MHzまで（注11）
			1,273MHzから 1,290MHzまで
			1,290MHzから 1,293MHzまで（注11）
			1,293MHzから 1,295.8MHzまで
		全ての電波の型式（注3）	1,295.8MHzから 1,296.2MHzまで（注9）
		全ての電波の型式	1,296MHzから 1,299MHzまで
			1,299MHzから 1,300MHzまで（注11）
17	2,400MHzから 2,450MHzまで	全ての電波の型式	2,400MHzから 2,405MHzまで（注12）
			2,405MHzから 2,407MHzまで（注11）
			2,407MHzから 2,424MHzまで
			2,424MHzから 2,424.5MHzまで（注8）
			2,424.5MHzから 2,425MHzまで
			2,425MHzから 2,427MHzまで（注11）

19	10GHzから 10.25GHzまで	全ての電波の型式	10GHzから 10.025GHzまで(注11)
			10.025GHzから 10.15GHzまで
			10.15GHzから 10.18GHzまで(注11)
			10.18GHzから 10.245GHzまで
			10.245GHzから 10.25GHzまで(注11)
20	10.45GHzから 10.5GHzまで	全ての電波の型式	10.45GHzから 10.5GHzまで(注14)

18	5,650MHzから 5,850MHzまで	全ての電波の型式	2,427MHzから 2,450MHzまで
			5,650MHzから 5,670MHzまで(注13)
			5,670MHzから 5,690MHzまで(注11)
			5,690MHzから 5,725MHzまで
			5,725MHzから 5,730MHzまで(注11)
			5,730MHzから 5,760MHzまで
			5,760MHzから 5,762MHzまで(注8)
			5,762MHzから 5,765MHzまで
			5,765MHzから 5,770MHzまで(注11)
			5,770MHzから 5,810MHzまで
			5,810MHzから 5,830MHzまで(注11)
			5,830MHzから 5,850MHzまで(注13)

14,100kHz, 18,110kHz, 21,150kHz, 24,930kHz, 28.2MHz, 50.01MHz

備考8　この表の規定にかかわらず、次に掲げる周波数は、F2A電波又はF3E電波により連絡設定を行う場合に限り使用することができる。

51MHz, 145MHz, 433MHz, 1,295MHz, 2,427MHz, 5,760MHz, 10.24GHz

備考1　自動受信を目的とする場合は、モールス符号によるものを除く。

備考2　周波数の欄に定める各周波数の範囲は、上限の周波数は当該範囲に含み、下限の周波数は当該範囲に含まないものとする。

備考3　周波数の欄に定める各周波数は、別に注で定める場合を除き、次に掲げる場合に使用することはできない。
(1) 衛星通信を行う場合
(2) 一般社団法人日本アマチュア無線連盟（以下「連盟」という。）のアマチュア業務の中継用無線局を介する通信に使用する場合（以下「連盟の中継用無線局に係る通信を行う場合」という。）
(3) 月面反射通信（月面による電波の反射を利用して行う無線通信をいう。以下同じ。）を行う場合

備考4　2,000kHz以下の周波数の電波は、別に注で定める場合を除き、その占有周波数帯幅が0.5kHz以下のものに限り使用することができる。

備考5　2,000kHzを超え24.999kHz以下の占有周波数帯幅が3kHz以下のものについては、その占有周波数帯幅が6kHz以下の場合に限り使用することができる。ただし、A3E電波については、その占有周波数帯幅が6kHz以下の場合に限り使用することができる。

備考6　144MHzを超え440MHz以下の周波数の電波は、別に注で定める場合を除き、公衆網に接続して音声（これに付随するデータを含む。）の伝送を行う通信（インターネットを利用して遠隔操作を行い通信する場合を除く。）に使用することはできない。

備考7　この表の規定にかかわらず、次に掲げる周波数は、A1A電波により識別信号の送信を行う場合に限り使用することができる。

注1　備考4の規定にかかわらず、この電波は、その占有周波数帯幅が3kHz以下の場合に限り使用することができる。ただし、A3E電波については、その占有周波数帯幅が6kHz以下の場合に限り使用することができる。

注2　この電波は、その占有周波数帯幅が2kHz以下の場合に限り使用することができる。

注3　この電波は、その占有周波数帯幅が3kHz以下の場合に限り使用することができる。ただし、A3E電波については、その占有周波数帯幅が6kHz以下の場合に限り使用することができる。また、144.3MHzから144.5MHzまでの周波数の電波で国際宇宙基地に開設されたアマチュア局と通信を行う場合については、その占有周波数帯幅が40kHz以下のときに限り使用することができるものとする。

注4　この電波は、その占有周波数帯幅が2kHz以下の場合に限り使用することができる。ただし、月面反射通信を行う場合については、その占有周波数帯幅が3kHz以下の場合に限り使用することができる。

注5　この電波は、その占有周波数帯幅が3kHzを超える場合に限り使用することができる。

注6　備考3の規定にかかわらず、この周波数の電波は、衛星通信を行う場合に使用することができる。

注7　備考3の規定にかかわらず、この周波数の電波は、連盟の中継用無線局に係る通信を行う場合に使用することができる。

注8　備考3の規定を行う場合にかかわらず、この周波数の電波は、月面反射通信を行う場合に使用することができる。

注9　備考3の規定を行う場合にかかわらず、この周波数の電波は、月面反射通信を行う場合に使用することができる。

注10　備考3の規定を行う場合に限り使用する電波は、直接印刷無線電信及びデータ伝送（音声とデータを複合した通信及び画像の伝送を除く。）を行う通信に使用することはできない。

注11　備考3の規定にかかわらず、この周波数の電波は、連盟の中継用無線局に係る通信を行う場合に限り使用することができる。

注12　備考3の規定にかかわらず、この周波数の電波は、衛星通信又は月面反射通信を行う場合に限り使用することができる。

注13　備考3の規定にかかわらず、この周波数の電波は、衛星通信又は連盟の中継用無線局に係る通信を行う場合に限り使用することができる。

注14　備考3の規定にかかわらず、この周波数の電波は、衛星通信又は月面反射通信を行う場合に使用することができる。

注15　備考6の規定にかかわらず、この周波数の電波は、公衆網に接続して音声（これに付随するデータを含む。）の伝送を行う通信に使用することができる。

※第7版においては，令和5年3月22日総務省令第17号に基づく令和5年9月25日施行の改正規定（関係告示を含む。）を含め改訂している。

第四級アマチュア無線技士用

アマチュア無線教科書

（法　　規・無線工学）

標　準　教　科　書

平成24年1月15日　初　版　発　行	
令和3年4月1日　第6版　発　行	Ⓒ　著作者　一般財団法人　日本アマチュア無線振興協会 発行者
令和5年4月1日　第7版　発　行	

発行所　一般財団法人　日本アマチュア無線振興協会

東京都豊島区巣鴨3-36-6　共同計画ビル
https://www.jard.or.jp

発売所　CQ出版株式会社

東京都文京区千石4-29-14　CQビル
郵便番号　112-8619 編集 03-5395-2149
振替00100-7-10665 販売 03-5395-2141

ISBN978-4-7898-1939-8

Printed in Japan

印刷／製本　㈱啓文堂